入試問題で楽しむ

# 相対性理論と量子論

三澤信也 著　MISAWA SHINYA

RELATIVITY AND QUANTUM PHYSICS FOR BEGINNERS

Ohmsha

# はじめに

　20 世紀における物理学の発展は，「相対性理論」と「量子論（量子力学）」という二大革命から始まりました。いずれも，それまでの物理学の常識を覆す大発見であり，今では人類の生活を支える科学技術の基礎になっています。

　これほど重要な二大理論ですが，学ぶ機会が得られる人は少ないように思えます。高校の履修科目で物理を選択しても，相対性理論や量子論に関する内容はわずかしか学びません（高校物理の中心となる内容は，19 世紀までの物理学です）。20 世紀の物理学を本格的に学ぶ機会は，たとえば大学の理工系の学部に進学した人などに限られているのが実際のところでしょう。

　たしかに，相対性理論も量子論もそう簡単に理解できるものではありません。それでも，人類に驚くべき知見を与えた二大理論に触れる機会を持てない人が多いのは，非常にもったいないことだと思います。そこで，相対性理論と量子論について高校物理の範囲から出発し，大学入試問題を題材として少し深いところまで探ってみようと試み，執筆したのが本書です。基本事項から丁寧に説明していますので，高校で物理を履修した人なら（たとえ理解不十分なところがあっても）スムーズに読んでいただけるものと思います。高校で物理を履修しなかった人には，入試問題の解説など少し難しく感じられるかと思いますが，二大理論の内容を知り，奥深さを味わっていただくことは十分にできるでしょう。また，大学などで学んだことのある人でも，深い思考を要する入試問題を通して，新たな発見が得られるのではないでしょうか。

　本書が，物理学に起こった二大革命を知るきっかけ，理解を深めるきっかけとなれば，筆者にとってはこの上ない喜びです。


　2023 年 6 月

三澤　信也

# 目　　次

# 第 **1** 章

# 電子の探究

# 量子論の誕生

## ● ニュートン力学の限界

物体の運動の仕方を支配する法則は何か——これを明らかにしたのは，稀代の天才科学者アイザック・ニュートン（イギリス，1642〜1727年）です。17世紀に「ニュートン力学」[1] が完成したことにより，人類は物体が力を受けることでどのように運動が変化するのか，求められるようになりました。

その後，熱が関わる現象を扱う「熱力学」[2] や，電気や磁気を扱う「電磁気学」[3] も完成し，19世紀中頃にはほとんどの物理学者が「物理学の基本法則は発見され尽くした」と考えるようになりました。この世のあらゆる現象を，物理学で説明できるようになったと思われたのです。しかし，実際にはそう簡単にはいきませんでした。19世紀の後半以降，それまでに発見されていた物理法則では，どうしても説明のできない現象が次々と見つかったのです。

それらの謎を解明するためには，私たちの目に見えない小さな世界，つまり「ミクロな世界」の姿を明らかにする必要がありました。そして，ミクロな世界の姿を解き明かす物理学こそが「**量子力学**」であり，本書の第一のテーマである「**量子論**」はその成立過程などを含む総称です。

---

❶ニュートンは「運動の法則」をまとめ上げ，これに「万有引力の法則」を加えることで，地上の運動と天体の運動を統一的に説明することに成功しました。この「ニュートン力学」を体系的に記した解説書『自然哲学の数学的諸原理』（『プリンキピア』）は，1687年に刊行されたものです。
❷「熱力学の第1法則」はヘルマン・フォン・ヘルムホルツ（ドイツ，1821〜1894年）が1847年に発表した論文から始まり，「熱力学の第2法則」はケルヴィン卿（ウィリアム・トムソン；イギリス，1824〜1907年）が1852年に一般化しました。
❸電磁気学を統一的かつ数学的に表した基礎方程式である「マクスウェル方程式」は，1864年にジェームズ・クラーク・マクスウェル（イギリス，1831〜1879年）によって発表されました。

## ● 電子の発見

　20世紀に発展した量子論（量子力学）ですが，そのきっかけとなった発見は19世紀末にありました。それは，「電子」の発見です。

　「電子」とは，負（マイナス）の電気をもつ，目に見えない小さな粒子のことです。電子が発見されたのは1897年のことで，それまでは，このようなものが存在するとは思われていなかったのです。

　この世のすべての物質は，「原子」という目に見えない小さな粒子が集まってできています。このことを科学的に明らかにしたのが19世紀初頭に発表されたジョン・ドルトン（イギリス，1766〜1844年）の「原子説」であり，原子は「それ以上は分割することのできない究極の粒子」だとされました。原子が分割できない究極の粒子であるということは，中身（構造）をもたないということです。そして「電子の発見」は，この原子説という考えを覆すものでした。原子の中には電子が含まれていることがわかったのです。原子はさらに分割できたのですね。

　この「電子の存在の発見」こそが量子論の出発点となります。では，電子の存在は，どのような実験によって明らかになったのでしょうか？

## ● 真空放電

　18世紀の初めから中頃にかけて，「真空放電」の実験が当時の科学者たちの注目を集めていました。ガラス管の中を極めて低い気圧にして，その中の電極に数千ボルトという高電圧を加えて放電させます。すると，ガラス管に封入された気体が，特有の色をもった光を発するようになるのです[4]。

---

[4] これはネオン管や蛍光灯の先駆けとなった実験で，封入する気体の種類によって発する色は異なります。

ガラス管

陰極　　　　　　　　　　　　　　陽極

負極　　　　　正極

高電圧電源

　さらにガラス管内の気圧を下げていくと（ガラス管内の気体を薄くし，真空度を高くすると），気体の発色が見られなくなります。そして，それとともに陽極側（電位の高い電極側）のガラス管壁から黄緑色の蛍光❶ が発生することがわかりました。

　このとき，ガラス管の内部にアルミ板を置くと，ガラス管の蛍光を発する面にアルミ板の影がハッキリと見られるようになりました。このことから，高電圧を加えたことで陰極から「何か」が発生しているのだろうと考えられるようになったのです。この「何か」が，ガラス管内に気体があればそれに衝突して光を発したり，ガラス管壁に衝突して蛍光を発したりするというわけです。陽極側にアルミ板の影が映ったことから，この「何か」は陰極側から発生していることも明らかになりました。そこで，この「陰極から発生する何か」は「**陰極線**」と名づけられ，さらに実験を行うことでその正体が突き止められていくのです。

　さまざまな実験が行われた結果，陰極線には次の①〜③のような性質があることがわかりました。


① **物体によって遮られる。**
　⇒　このことから，陰極線は曲がって進むことなく，まっすぐ進むことが明らかになりました。

---

❶「蛍光」とは電子や電磁波（光）の衝突によって物体が発する光のことです。

② **陰極から発生する。**

　⇒　このことから，陰極線は負の電気（負電荷）をもっていることが明らかになりました。

③ **電場（電界）や磁場（磁界）によって曲がる。**

　⇒　このことから，陰極線は電気をもつ粒子（荷電粒子）であることが明らかになりました。

　以上を簡単にまとめると，「負の電気をもつ粒子」が一斉に流れるのが陰極線の正体だということになります。そして，このようにして発見された負の電気をもつ粒子は，後に「**電子**」electron と命名されました❷。

---

❷「電子」electron という単語は，「電気の」electric に「粒子」を表す接尾辞-on を付けたものです。この語は，1891 年にジョージ・ジョンストン・ストーニー（アイルランド，1826～1911 年）が造語したものです。

## 電子の比電荷

### ● 電子の比電荷の測定

　このようにして発見された「負の電気をもつ粒子（電子）」ですが，あまりに小さいため肉眼で見ることはできません。しかし，何とかしてその性質を知りたいところです。

　「電子」の性質を明らかにするのに大きく貢献したのは，1897 年に行われた J.J. トムソン（イギリス，1856～1940 年）による実験です[1]。一体どのような実験なのか，2014（平成 26）年度に関西大学で出題された入試問題をもとに，理解を深めていきましょう。

---

　次の文の　(a)　に入れるのに最も適当な式を記しなさい。また，　(1)　～　(7)　に入れるのに最も適当なものを文末の解答群から選びなさい。ただし，同じものを 2 回以上用いてもよい。以下では，重力を無視できるものとする。

　図のように，$xy$ 面（紙面）において $0 \leqq x \leqq a$ である範囲を領域 I とし，$a \leqq x \leqq a+b$ である範囲を領域 II とする。領域 I においてのみ $y$ 軸正の向きに強さ $E$ の一様な電場（電界）が加えられている。質量 $m$，正の電気量 $q$ をもつ荷電粒子を，原点 O から $x$ 軸正の向きに速さ $v$ で領域 I に入射させる。荷電粒子は電場から $y$ 軸正の向きに大きさ　(1)　の力を受けて　(2)　運動する。荷電粒子が領域 I を通過するのに要する時間は　(3)　であるので，荷電粒子が領域 I と領域 II の境界（図中の破線 $x=a$）に達したとき，$y$ 軸方向の速度成分は

---

[1] 実際に「電子」electron という呼称が使われるようになったのは，この実験から 10 年ほど経ってからのことです。

[　(4)　]であり，荷電粒子が$y$軸正の向きにずれる距離$y_1$は[　(5)　]である。領域Ⅱに進入した荷電粒子は[　(6)　]運動し，領域Ⅱの右端の境界（図中の破線$x=a+b$）上の点Pに達したとき，荷電粒子が$y$軸正の向きにさらにずれる距離$y_2$は[　(7)　]である。点Pから$x$軸までの距離を$c=y_1+y_2$とおくと，荷電粒子の比電荷は[　(a)　]$\times \dfrac{c}{E}v^2$と表されるので，入射の速さ$v$と距離$c$がわかれば，荷電粒子の比電荷を求めることができる。

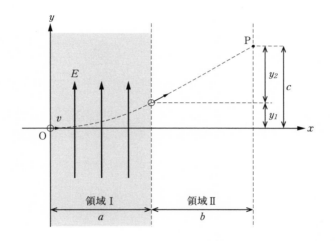

〔解答群〕　単振動　等加速度　等速円　等速度　$av$　$\dfrac{a}{v}$　$\dfrac{v}{a}$　$\dfrac{1}{av}$　$qE$

$\dfrac{qE}{m}$　$\dfrac{m}{qE}$　$\dfrac{1}{qE}$　$\dfrac{qEa}{v}$　$\dfrac{qEv}{a}$　$\dfrac{a}{qEv}$　$\dfrac{v}{qEa}$　$\dfrac{qEa}{mv}$　$\dfrac{qEv}{ma}$　$\dfrac{ma}{qEv}$　$\dfrac{mv}{qEa}$

$\dfrac{qEa^2}{2v^2}$　$\dfrac{qEa^2}{2mv^2}$　$\dfrac{qEv^2}{2ma^2}$　$\dfrac{2v^2}{qEa^2}$　$\dfrac{qEb}{a}$　$\dfrac{qEb}{ma}$　$\dfrac{qEab}{mv^2}$　$\dfrac{qEab}{v^2}$　$\dfrac{qEb^2}{2v^2}$

$\dfrac{qEb^2}{2mv^2}$　$\dfrac{qEv^2}{2mb^2}$　$\dfrac{2v^2}{qEb^2}$

　　ここでは，荷電粒子が運動する領域の一部（領域Ⅰ）に電場を加えることで，荷電粒子の進行方向を変えています。そしてその結果，右端の境界

（破線 $x = a + b$）に到達するときの位置が，電場を加えないときと比べて変化しています**❶**。

　トムソンが行った実験は，まさにこのようなものでした。そしてこの問題では，この実験を通して「荷電粒子の比電荷を求めることができる」のだとされています。

　ここで「**比電荷**」とは，荷電粒子の単位質量当たりの電荷の大きさ $\left(\dfrac{|電荷|}{質量}\right)$ のことなので，質量を $m$，電気量の絶対値を $q$ として $\dfrac{q}{m}$ で表されます。電子も荷電粒子の一種ですから，電子について同じ実験を行えば，電子の比電荷が求められることになります**❷**。

　歴史的には，1897 年に行われたトムソンの実験によって，電子の比電荷 $\dfrac{e}{m}$ が明らかになりました。それに続き，1909 年から 1916 年にかけて行われたロバート・ミリカン（アメリカ，1868〜1953 年）の実験によって，電子の電荷（の絶対値）$e$ が判明します（19〜25 ページ参照）。そして最後に，電子の質量 $m$ が比電荷 $\dfrac{e}{m}$ と電荷（の絶対値）$e$ から求められたという流れがあります。

　それでは，トムソンの実験について見ていきましょう。

　電気量 $q$ をもつ荷電粒子は，強さ $E$ の電場から大きさ　**（答）$qE$** の力を受けます。電場は一様（向きと強さがどこでも同じ）なので，荷電粒子が領域 I の中を運動する間はこの力を受け続けることになります。荷電粒子は正の電気量をもつので，受ける力の向きは電場の向きと一致します。

　このとき，荷電粒子は $y$ 軸正の向きに力を受けるため，$y$ 軸正の向きに

---

**❶**実際の実験では，蛍光物質を塗布した面に荷電粒子を衝突させることで，蛍光が発せられる位置を荷電粒子が衝突した位置だと突き止めることができます。
**❷**ただし，電子（負電荷）の場合，軌道のずれる向きは問題図と逆向きになります。なお，電子の電荷の絶対値は普通 "$e$" という記号で表されるので，比電荷は $\dfrac{e}{m}$ で表されます。

加速度が生じます。一方，$x$ 軸方向には力を受けません。よって，荷電粒子の運動は次図のようになり，**（答）等加速度**運動することがわかります（$y$ 軸方向にのみ一定の加速度を生じながらの運動です）。

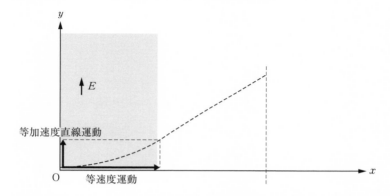

　荷電粒子は $y$ 軸方向にだけ力を受け，$x$ 軸方向には力を受けません。そのため，$x$ 軸方向には速さ $v$ で等速度運動します。このことから，長さ $a$ の領域 I を通過するのに要する時間は **（答）** $\dfrac{a}{v}$ だとわかります。

　荷電粒子が電場の中を時間 $\dfrac{a}{v}$ だけかけて運動する間，荷電粒子の $y$ 軸方向の速度は変化します。ここで，荷電粒子の運動方程式は，$y$ 軸正の向きの加速度を $A$ とすると，

　　$mA = qE$

これより，$y$ 軸正の向きに生じる加速度は，$A = \dfrac{qE}{m}$ と表せます。

　よって，時間 $\dfrac{a}{v}$ だけかけて領域 I を出てくるときには，荷電粒子の $y$ 軸方向の速度成分は，$\left( A \cdot \dfrac{a}{v} = \right)$ **（答）** $\dfrac{qEa}{mv}$ と求められます[3]。

---

[3]荷電粒子は $y$ 軸正の向きに等加速度直線運動するので，次の公式（等加速度直線運動の公式）を使って速度 $v$ を求めることができます。
　　$v = v_0 + At$ （$v$：時刻 $t$ の速度，$v_0$：初速度，$A$：加速度）

このように荷電粒子の $y$ 軸方向の速度の変化を確認したので，同時に位置の変化も確認しましょう。もし電場がなければ，荷電粒子は領域 II の右端の境界の位置 $y=0$ に達するはずです。それが，電場が存在するために加速度 $A=\dfrac{qE}{m}$ の等加速度運動をするので，電場を出るときの $y$ 座標 $y_1$ は次のようになります**❶**。

$$y_1=\frac{1}{2}\cdot\frac{qE}{m}\left(\frac{a}{v}\right)^2=\boldsymbol{\frac{qEa^2}{2mv^2}} \quad \cdots\cdots \textbf{（答）}$$

　ここまで，荷電粒子の電場中での運動について考えてきました。では，電場を飛び出した後には，荷電粒子はどのような運動をするでしょう？電場のない領域 II の中では，荷電粒子は力を受けなくなります。そのため，**（答）等速度**運動することになるのです。

　荷電粒子は，領域 II の中を次のような速度で通過します。

　よって問題図から，距離 $y_2$ について次の関係（速さの比と移動距離の比が等しいという関係）が成り立つことがわかります。

$$\frac{y_2}{b}=\frac{\dfrac{qEa}{mv}}{v}$$

　そして，これを解いて $y_2=$ **（答）** $\underline{\boldsymbol{\dfrac{qEab}{mv^2}}}$ と求められます。

　また，　(5)　と　(7)　の答（$y_1$ と $y_2$）から，点 P から $x$ 軸までの距離 $c$ が次のように求められます。

---

**❶** ここでも，荷電粒子の $y$ 軸方向の運動に対して，次の公式（等加速度直線運動の公式）を使っています。

$$y=v_0t+\frac{1}{2}At^2 \quad (y：時刻\ t\ の変位，\ v_0：初速度，\ A：加速度)$$

$$c = y_1 + y_2 = \frac{qEa^2}{2mv^2} + \frac{qEab}{mv^2} = \frac{qEa(a+2b)}{2mv^2}$$

さらに，この関係式を用いれば，観測された $c$ の値（荷電粒子が到達した位置）から，荷電粒子の比電荷 $\frac{q}{m}$ を次のように求めることができます。

$$c = \frac{qEa(a+2b)}{2mv^2}$$

$$\therefore \quad \frac{q}{m} = \frac{2v^2}{Ea(a+2b)} \cdot c = \boldsymbol{\frac{2}{a(a+2b)}} \times \frac{c}{E}v^2 \quad \cdots\cdots \textbf{（答）}（A）$$

以上のように，実験によって荷電粒子の比電荷を求められることがわかりました。この荷電粒子を電子とすれば，電子の比電荷を求められるわけです。

ただし，比電荷を知るためには荷電粒子の速さ $v$ を知る必要があります。この問題ではその求め方は登場しませんが，実際には以下のような方法で荷電粒子の速さ $v$ を求めることができます。

問題図の領域 I では，強さ $E$ の電場だけが存在しました。これですと，荷電粒子の軌道は直線から逸れていきます。そこで次のように，**電場だけでなく磁場も加えます**（磁場の向きは紙面の裏から表に向かう向きで，磁束密度の大きさは $B$ とします）。

すると，運動する荷電粒子は磁場からも力（ローレンツ力）を受けることになります。つまり，荷電粒子は電場と磁場からそれぞれ次のような力を受けるのです。

電場から受ける力（静電気力）$qE$

$q$ ○ $\Rightarrow$ $v$

磁場から受ける力（ローレンツ力）$qvB$

　このとき，電場 $E$ と磁場 $B$ の値を調節すれば，次の関係が成り立つようになります。

　　$qE = qvB$

　もしもこの関係が成り立てば，荷電粒子にはたらく力はつり合うため荷電粒子は直進する（等速直線運動する）ことになります。よって，荷電粒子が直進するように調節したときの電場 $E$ と磁場 $B$ の値を使って，荷電粒子の速さ $v = \dfrac{E}{B}$ が求められるのです。

　このような方法で，荷電粒子の速さ $v$ を求めることができます。そうして求めた $v$ の値を (A)式に代入すれば，荷電粒子の比電荷が次のように求められます。

$$\frac{q}{m} = \frac{2}{a(a+2b)} \times \frac{c}{E}\left(\frac{E}{B}\right)^2 = \frac{2Ec}{B^2 a(a+2b)}$$

**　トムソンの実験の意義は，電子という粒子の存在をはっきりさせたことです。** そして，その質量や電荷を求める第一歩を踏み出したのです。

## 1・3

# 電気素量と電子の質量

## ● ミリカンの油滴実験

　電子の比電荷を明らかにした J.J. トムソンの実験に続いて，本節では電子のもつ電気量（電荷）を見出した実験が登場します。電子の電荷は，ロバート・ミリカン（アメリカ，1868〜1953 年）によって 1909 年から 1916 年にかけて行われた実験により明らかになりました。目に見えない小さな粒子の電荷が，どのようにして明らかになったのでしょう？

　2018（平成 30）年度の秋田大学の入試では，ミリカンが行った実験をテーマとした問題が出題されました。この問題を通して，ミリカンが行った実験の内容について理解していきましょう。

---

　次の文章中の空欄①は（ア）〜（ウ）のうちから正しいものを 1 つ選び，②〜⑥を数式で，⑦を数値で埋めなさい。

　図 1 のように空気中に置かれた平行板電極の間に，霧吹きで直径が数 μm の油滴をつくると，油滴は摩擦で電気量 $-q$（$q>0$）に帯電した。図 1 の回路でスイッチは開いており，電極に電荷がないとすると電極間に電場は生じないため，油滴は重力によって鉛直下向きに落下する。このとき，油滴にかかる浮力は十分小さく無視できるものとする。油滴は軽いため，落下し始めるとすぐに重力と空気抵抗がつり合って一定の速さ $v_g$ に達する。空気抵抗はこの場合，油滴の運動方向と（　①　（ア）同じ向き，（イ）反対向き，（ウ）垂直の向き　）で速さに比例した力となることがわかっており，その比例定数を $k$ とおくと，油滴の質量を $M$，重力加速度の大きさを $g$ として，力のつり合いより $Mg=$（　②　）が成り立つ。

次に、図2のようにスイッチを閉じて平行板電極に電圧 $V$ をかけると、電極間には一様な電場 $E$ が発生する。電極板の間隔を $d$ としてその強さは、$E=($ ③ $)$ と表される。また電場によって油滴には鉛直上向きの力がはたらき、力の大きさ $F$ は $q$ と $E$ を用いて $F=($ ④ $)$ と表される。油滴が鉛直上向きに運動するほど十分きい大電圧 $V$ をかけると、油滴はふたたび空気抵抗とのつり合いによって一定の速さ $v_E$ となる。このとき、力のつり合いの式は $F$, $k$, $v_E$, $M$, $g$ を用いて $($ ⑤ $)$ と表される。ここから電気量の大きさ $q$ は $V$, $d$, $v_g$, $v_E$, $k$ を用いて $q=($ ⑥ $)$ と表される。

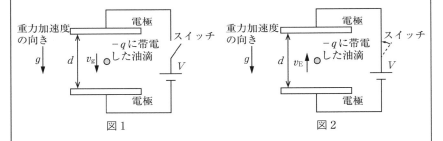

図1                    図2

ミリカンはこのような実験を精密に行い、電気量がある値の整数倍のものしかないことを見出した。これにより、電気量には電気素量とよぶ最小単位があることがわかり、現在では電気素量が電子の電気量の絶対値であることが確かめられている。実際に上のような方法で電気素量の測定実験を行い、A〜Eと名付けた5個の油滴について表のような数値を得たとする。この実験から推定できる電気素量のうち、最も大きいものを有効数字2桁で求めると（ ⑦ ）[C]である。

表

|  | A | B | C | D | E |
|---|---|---|---|---|---|
| 電気量 $q\,[\times 10^{-19}\,\mathrm{C}]$ | 10.2 | 3.41 | 5.14 | 8.52 | 6.86 |

ミリカンの実験では，霧吹きでつくった油滴が使用されています。油滴は放っておけば当然落下しますが，電荷をもたせて電場（電界）を加えれば上昇させることもできるわけです。そして，落下と上昇の2通りの運動を行わせたときの速度を測定することで，油滴の電荷がわかるというのです。そのことが電子の電荷を知ることにつながります。どうして，そのようなことが可能になるのか，問題を解きながらミリカンの実験に施された工夫を見ていきましょう。

　まずは，電圧をかけない場合について考察します。
　このときには，油滴は重力によって落下するのと同時に，空気抵抗を受けます。物体の動きを妨げるのが空気"抵抗"ですから，その向きは当然，油滴の運動方向と <u>**（答）反対向き**</u>になります。この空気抵抗の大きさは，油滴の速さに比例します。これは例えば，私たちがゆっくり歩いているときにはあまり空気抵抗を感じませんが，走り出すと空気抵抗を強く感じることからも理解できるでしょう。
　落下を始めた油滴は最初，重力によって加速していきます。すると，油滴の速さが大きくなり，それに比例して空気抵抗が大きくなっていきます。そして，やがて空気抵抗は重力とつり合うようになります。油滴にはたらく力がつり合うようになれば，油滴には加速度が生じなくなります。これが，一定の速さ（これを $v_g$ としています）になった状態です。このとき油滴にはたらく空気抵抗の大きさは，比例定数が $k$ なので $kv_g$ です。よって，力のつり合いは次式のように表されます。

$$Mg = kv_g \quad \cdots\cdots (a) \quad \rightarrow \quad \textbf{（答）} \boldsymbol{kv_g}$$

もちろん，この関係式だけでは油滴の電荷を求められませんが，次に求

めるもう 1 つの関係式と組み合わせることで，油滴の電荷を求められるようになります。

　それでは，次は電圧をかけた状態で行う実験について考察しましょう。

　この場合は，電荷をもつ油滴は電場から力（静電気力（クーロン力））を受けることになります。間隔 $d$ の平行板電極間に大きさ $V$ の電圧をかけると，電極間には強さ $E=$ （答） $\dfrac{V}{d}$ の一様な電場が発生します[1]。

　生じる電場の向き（正電荷が力を受ける向き）は鉛直下向きとなります。これは，上側の電極が正に，下側の電極が負に帯電するためです。この実験で使われる油滴は負に帯電しているので，電場とは逆向き（すなわち鉛直上向き）に力を受けることになります。そして，その力の大きさ $F=$ （答） $qE$ です[2]。

　電圧をかけることで油滴は鉛直上向きに力を受け，上昇していくことがわかりました。上昇を始める油滴は，やはり空気抵抗を受けます。この場合の空気抵抗は，上昇という運動を妨げるように鉛直下向きにはたらきます。そして，その大きさはやはり速さに比例します。また，この場合も当然，油滴は重力を受けます。結局，油滴は「電場からの力（静電気力）」「空気抵抗」「重力」という 3 つの力を受けることになります。そして，やがてそれらがつり合うようになれば，油滴は一定の速度で運動する（上昇する）ようになります。これが，一定の速さ $v_E$ になった状態です。

　このときの力のつり合いは，次式のように表されます。

$$Mg+kv_E=F \quad \cdots\cdots (\mathrm{b})$$

---

[1]強さ $E$ の一様な電場の中で，電場の方向に距離 $d$ だけ離れた 2 点間の電位差 $V=Ed$ です。これを変形することで $E=\dfrac{V}{d}$ が得られます。

[2]電荷 $q$ が強さ $E$ の電場から受ける力の大きさ $F=qE$ です。これは，「電場の強さ」とは「単位電荷が受ける力の大きさ」を表すものだからです。

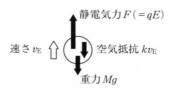

静電気力 $F(=qE)$
速さ $v_E$  空気抵抗 $kv_E$
重力 $Mg$

　さて，ここまでに求めた(a)式と(b)式を使うことで，油滴の電荷 $q$ を求められます。ただし，(b)式は油滴の電荷 $q$ を含む形（次の(b)'式）としておくのがよさそうです。

$$Mg = kv_g \quad \cdots\cdots (a)$$

$$Mg + kv_E = qE \quad \cdots\cdots (b)'$$

　(a)式，(b)'式のいずれにも油滴の質量 $M$ が含まれていますが，いまはこの値がわかっていないので，いったん消してしまいましょう。(a)式を(b)'式に代入し，2式から $Mg$ を消去すると，

$$kv_g + kv_E = qE$$

これを $q$ について解くと，

$$q = \frac{k(v_g + v_E)}{E}$$

そして，この式に電場の強さ $E = \dfrac{V}{d}$ を代入すると，電荷 $q$ を表す式が求められます。

$$\boldsymbol{q = \frac{k(v_g + v_E)d}{V}} \quad \cdots\cdots \quad \textbf{(答)}$$

　ミリカンは，以上のような実験を通して油滴の電荷 $q$ の値を得ました。そして，そこから電子の電荷を導き出しました。これについて考察するのが最後の問題（空欄⑦）ですが，その前に油滴の電荷 $q$ の求め方について補足しておきましょう。

　$q = \dfrac{k(v_g + v_E)d}{V}$ の式中に登場する値について，$V$ と $d$ は実験時に設定するものなので当然その値がわかっています。また，$v_g$ と $v_E$ は測定することができる値です。しかし，空気抵抗の比例定数 $k$ は未知の値です。油滴

の電荷 $q$ を知るには，この比例定数 $k$ の値を求めておく必要があります。そして，これは 1 つめの実験で得られる $v_g$ から求めることができます。

　油滴の速度が一定になったとき，$Mg = kv_g$ という力のつり合いが成り立つのでした。ここで，油滴を球形に近似してその半径を $a$ とすると，その体積は $\frac{4}{3}\pi a^3$ です。そして，油滴の密度を $\rho$ とすると，油滴の質量 $M = \rho \cdot \frac{4}{3}\pi a^3$ です。また，空気抵抗の比例定数 $k = 6\pi\eta a$ （$\eta$：空気の粘性率）のように，$k$ は油滴の半径 $a$ に比例することが知られています。この式を使えば $k$ の値を求められそうですが，油滴の半径 $a$ が未知なため求めることができません。そこで，これらの（$M$ と $k$ の）値をつり合いの式へ代入すると次のようになり，ここから油滴の半径 $a$ を求めることができます（ここに登場する $v_g$ は測定可能であり，$\rho$, $g$, $\eta$ はあらかじめその値がわかっているものです）。

$$\rho \cdot \frac{4}{3}\pi a^3 g = 6\pi\eta a v_g \qquad \therefore \; a = 3\sqrt{\frac{\eta v_g}{2\rho g}}$$

　そして，この値を $k = 6\pi\eta a$ に代入すれば，空気抵抗の比例定数 $k$ を表す式が求められます。

$$k = 9\pi\eta\sqrt{\frac{2\eta v_g}{\rho g}}$$

　このようにして比例定数 $k$ を求めることができるので，油滴の電荷も求めることができるわけですね。

　そしてミリカンは，求めた値（油滴の電荷）がすべて特定の値の整数倍になっていることに気づいたというのです。このことは，**電気量には最小単位があることを示しています**。油滴の電荷が変化するときには，必ずこの最小単位の整数倍だけ増加または減少することになるわけです。

　そして，その理由は電荷（正確には負電荷）の正体が「電子」だからです。陰極線の研究から発見された電子は，負の電荷をもっていました。油滴に含まれる電子が増えれば油滴はより負に，電子が減ればより正に帯電することになるわけです。

以上のことから，油滴の電荷の最小単位は「電子の電荷（の絶対値）」を示していることがわかります（これは**「電気素量」**とよばれ，普通は記号 "$e$" で表されます）。このようにして，ミリカンの実験から電子の電荷を知ることができるのです。

　さて，表に示された値はすべてある特定の値のおよそ整数倍になっているということですが，わかるでしょうか？　これは，油滴 A〜E の電気量を大きい順に（または小さい順に）並べて隣どうしの差を取ると気づきやすいと思います。

|  | A | D | E | C | B |
|---|---|---|---|---|---|
| 電気量 $q$（$\times 10^{-19}$ C） | 10.2 | 8.52 | 6.86 | 5.14 | 3.41 |
| **電気量の差（$\times 10^{-19}$ C）** | 1.68 | 1.66 | 1.72 | 1.73 |

　いずれの差も，ほぼ同じ値であることがわかりますよね。その平均値を計算してみると，次のようになります。

$$\frac{(1.68+1.66+1.72+1.73)\times 10^{-19}}{4}\fallingdotseq 1.7\times 10^{-19}\,\text{C}$$

　そして，最も小さな油滴 B の値（$3.41\times 10^{-19}$ C）も，次のように $1.7\times 10^{-19}$ C のほぼ整数倍となっていることがわかります。

$$\frac{3.41\times 10^{-19}\,\text{C}}{1.7\times 10^{-19}\,\text{C}}\fallingdotseq 2\,(倍)$$

　よって，油滴 A〜E のいずれも，この値のほぼ整数倍となっていることがわかり，この値が電気素量を表していることがわかります❶。

　ところで，この問題で得られる電気素量 $e$ の値は実際のものから若干ずれており（実際の値を知っている受験生でも，計算しないと求められないようにするためでしょう），現在では $e=1.602176634\times 10^{-19}$ C とされています。

---

❶最小値の B 以外は，B に $1.7\times 10^{-19}$ C の（およそ）整数倍を加えたものなので，当然 $1.7\times 10^{-19}$ C の（およそ）整数倍となっています。

## ● 電子の質量計算

ここで，前節（1.2）と本節（1.3）の内容を整理しておきましょう。

まず，トムソンの実験によって電子の比電荷 $\left(\dfrac{e}{m}\right)$ が求められました。現在知られている比電荷の値は，次のようなものです。

$$\frac{e}{m} = 1.758820011 \times 10^{11}\,\text{C/kg}$$

次に，ミリカンの実験によって電子の電荷の絶対値 $e$ が求められました。現在知られている値は上述のとおりです。

電子の比電荷と電荷の値がわかったことで，電子の質量 $m$ の値も知ることができるようになります。次のように，1つめの式へ2つめの式の値を代入することで，電子の質量 $m$ を知ることができるようになるのです。

$$\frac{1.602176634 \times 10^{-19}\,\text{C}}{m} = 1.758820011 \times 10^{11}\,\text{C/kg}$$

$$\therefore\ m = 9.1093837 \times 10^{-31}\,\text{kg}$$

このように，トムソンの実験とミリカンの実験を経て，電子がどのようなものなのかが見えてきたのですね[1]。

なお，求められた電子の質量 $m$ は，水素原子の質量のおよそ $\dfrac{1}{1840}$ という小ささでした[2]。水素原子はあらゆる原子の中で最小の原子です。それよりもはるかに軽い粒子（電子）が見つかったということは，原子は究極の粒子ではなく，構造（中身）をもつものだということを示唆します。このように，電子の質量が明らかになったことが，原子の構造解明を進めるきっかけになっていくのです。

---

[1] ミリカンの実験が成功した1つの要因は，油滴を使ったことにありました。ミリカン以前にも水滴を使って同様の実験を行った科学者がいましたが，水の蒸発が影響して精度的にうまくいかなかったそうです。ちなみにミリカンは，「電気素量の測定」と「光電効果の研究」により1923年にノーベル物理学賞を受賞しています。ミリカンはアメリカ人で2人目の受賞者でした。

❷水素原子の質量は，以下のように求められました。

水素 1 mol（アボガドロ定数 $N_A \fallingdotseq 6.02 \times 10^{23}$/mol だけの水素分子 $H_2$ の集まり）の質量の測定値は $2.0158 \times 10^{-3}$ kg でした。ここには，水素原子 H が $2N_A$ だけ含まれることから，1 個の水素原子の質量が次のように計算できました。

$$\frac{2.0158 \times 10^{-3}}{2 \times (6.02 \times 10^{23})} \fallingdotseq 1.67 \times 10^{-27} \, [\text{kg}]$$

そして，電子の質量 $m$（$\fallingdotseq 9.11 \times 10^{-31}$ kg）との比が，次のように計算できました。

$$\frac{9.11 \times 10^{-31}}{1.67 \times 10^{-27}} \fallingdotseq \frac{1}{1840}$$

# 第2章

# 光の粒子性

# 光電効果と量子

## ● 黒体放射

　第1章では，電子が発見されたことで原子が構造をもつことが明らかに
なった流れを見てきました。原子が構造をもつことがわかると，次は当然
「どんな構造をしているのか？」が議論の的になります。電子は原子内で
どのように存在していて，原子は電子以外にどのような構成要素をもつの
か？　量子論の発展によってそのことも徐々に明らかになっていくのです
が，それはもう少し後の話──本節からしばらくは，**「粒子と波動の二重
性」**にまつわる発見を見ていきたいと思います。「何のこと？」と思われ
るかもしれませんが，この発見が原子の構造解明に重要な役割を果たすこ
とになるのです。

　「粒子と波動の二重性」の発見のきっかけは，**「光電効果」**という現象で
した。この現象の理解により，光がまったく別の2つの顔（性質）をもつ
ことが明らかになったのです。

　ここで，光電効果を理解する準備として，**「黒体放射」**について説明し
ておきましょう。**「黒体」**とは，あらゆる波長の電磁波❶を反射せず完全
に吸収する理想的な物体です。そのような物体は現実には存在しません
が，容器に開けたごく小さな穴は黒体と見なすことができます。なぜな
ら，穴から容器内に入った光は，容器内で何度も反射される間に容器に吸
収されてしまい，容器外に出てこられなくなるからです。

---

❶電場と磁場が変動しながら波動として空間を伝わる現象を「電磁波」といいます。「光」と
いう言葉は広い意味では「電磁波」そのものを指しますが，狭い意味では電磁波の一種である
「可視光」（目に見える光）を指します。

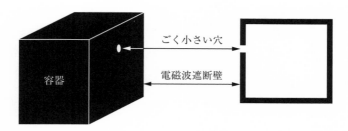

さて，黒体は電磁波を"反射"しませんが，その温度に応じて電磁波を"放射"しています。これが「黒体放射」です。特に19世紀末のドイツで，黒体放射に関する研究が盛んに行われました。これは晋仏戦争[2]（1870〜1871年）に勝利し，石炭と鉄鉱石の産地であるアルザス・ロレーヌ地域を獲得し製鉄業を躍進させていたため，溶鉱炉内の鉄の温度を正確に把握する必要が生じていたからです。当時，数千度という温度を測定できる温度計はなかったため，職人がその色から目視で鉄の温度を判断していたのです。そのため，温度と色の関係について研究されていたわけですね。

当時確立していた古典物理学によると，黒体放射の分布は次のようなグラフになると考えられていました。

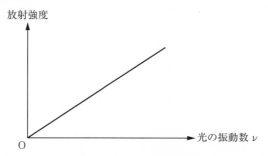

これは，<u>温度を一定にした場合</u>の放射強度[3]の分布です。振動数 ν の

---

❷プロイセン王国（晋）とフランス王国（仏）の間で起こった戦争ですが，プロイセン以外のドイツ諸国も参加したため，独仏戦争ということもあります。この戦争でプロイセンがフランスに圧勝し，ドイツ帝国（帝政ドイツ）が誕生しました。
❸ある方向に放射される単位時間当たりのエネルギーを「放射強度」といいます。

大きい光ほど放射強度が大きいことをグラフが示しています。温度が安定した黒体（溶鉱炉と考えても構いません）では，エネルギーがあらゆる振動数の光に「自由度」という値に応じて等しく分配されるとされます。そして，振動数が大きい光ほど自由度は大きくなります。そのため，このようなグラフになると考えられました❶。振動数の大きい（同じ時間でたくさん振動する）光ほど多くのエネルギーが分配され，放射強度が大きくなるというわけですね。しかし，実際にはこのような放射は観測されず，次のようなグラフになります。

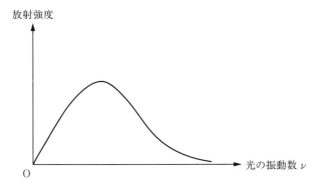

このように，ある振動数でピークを迎え，それより振動数が大きくなると放射強度は低下していくのです。さらに，黒体（≒溶鉱炉）の温度を高くするにつれて，次図のようにピークの振動数も大きくなることが測定されました。

❶これを，熱力学に関係する「エネルギー等分配の法則」といいます。

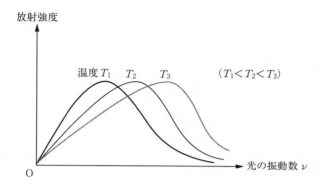

## ● エネルギー量子仮説

　このような観測事実を，当時の古典物理学で説明することは不可能でした。ここに，古典物理学の限界の一端を見ることができます。

　この黒体放射の問題を「**エネルギー量子仮説**」によって説明したのが，マックス・プランク（ドイツ，1858～1947 年）でした。プランクは，先ほどの放射強度の分布曲線を表す式を導き出しました。そして，どうしてその式が成り立つのか検討する中で，「ある振動数（$\nu$ とします）の光がもつエネルギーは，その振動数 $\nu$ にある定数（$h$ とします）をかけたものを最小単位として，必ずその整数倍になる」という仮説を考案したのです。これがエネルギー量子仮説とよばれる考え方です。

　光のもつエネルギーは，振動数が一定でも光の強さによって変わります。このとき，光のエネルギーは光の強さに応じて<u>連続的</u>に変化するとするのが，古典物理学の考え方です。それに対して，振動数が一定のときの光のエネルギーは<u>飛び飛び</u>の値しか取れないとするのが，エネルギー量子仮説なのです。振動数が $\nu$ の光のエネルギー $E$ は，$h\nu$ を単位として次式で表されというのです。

$$E=h\nu\times n \quad (n=1,2,3,\cdots\cdots)$$

　このとき，$n$ は整数でなければなりません。すなわち，光のエネルギー

$E$ は $h\nu$，$2\,h\nu$，$3\,h\nu$，……という値は取れるけれども，例えば $0.5\,h\nu$，$1.5\,h\nu$，$2.5\,h\nu$，……のような値を取ることは絶対にできないとするのです。これが，振動数が一定の光のエネルギーには最小単位があるとする考え方です。

　プランクのエネルギー量子仮説に登場した定数 $h$ について，プランク自身は「作用量子」とよびましたが，のちに「**プランク定数**」と名づけられました。プランク定数は，次のような非常に小さな値です。

　　　$h = 6.62607015 \times 10^{-34}$ J·s

　したがって，光のエネルギーの最小単位である $h\nu$ も，非常に小さな値となります。最小単位が非常に小さいために，古典物理学においてはエネルギーが飛び飛びの値を取ることに気がつかなかったのだとも言えるでしょう。

　$h\nu$ のような「物理量の最小単位」は「量子」とよばれます。振動数 $\nu$ の光のエネルギーは，$h\nu$ をひと固まりの単位量として飛び飛びの値を取るのです。

　さて，プランクのエネルギー量子仮説によって，黒体放射の問題はどのように解決されたのでしょう？

　古典物理学では，振動数の大きい光により多くのエネルギーが分配されると考えるのでした。ただし，黒体のエネルギーは有限です。これを分配するとき，各振動数の光は必ず $h\nu$ を最小単位としてエネルギーを受け取るのです。すると，振動数 $\nu$ が大きい光ほどエネルギーを受け取るのが難しくなるのです。

　例えば，「みんなで1万円を分けよう」というときに「私は10万円単位でなければ受け取らない」という人がいたらどうでしょう？　この人は，1円ももらうことができませんよね。このように，総量に対して受け取る最小単位が大きくなると，受け取ることができないということになるのです。

　黒体放射において，光の振動数 $\nu$ が大きくなればなるほど，受け取る

エネルギーの最小単位 $h\nu$ が大きくなるためエネルギーを受け取りにくくなるのです。$0.1\,h\nu$ とか $0.01\,h\nu$ といった単位では受け取れないのです。その結果，先ほど示したようにある振動数を過ぎると放射強度が急激に下がることになるのです。

## ● 光電効果と光量子仮説

　こうしてプランクの量子仮説により，黒体放射が説明できるようになりました。そして，これがヒントとなって天才科学者アルベルト・アインシュタイン（ドイツ，1879〜1955年）が光電効果の謎を解き明かすことになるのです。

　ということで，いよいよ光電効果について考えてみたいと思います。2018（平成30）年度に奈良女子大学で出題された入試問題をもとに見ていきましょう。まずは，リード文（導入文）を確認します。

### Lead

　金属の表面に光を当てると電子が金属から飛び出してくる現象が，19世紀末に発見された。ある2種類の金属 A，B に対してこの現象の測定を行った結果に関して，以下の問いに答えよ。ただし，数値は有効数字2桁で答えること。また，電気素量を $e=1.6\times10^{-19}$ C とする。

　光電効果とは，この冒頭でも述べられている「**物質の表面に光を当てると電子が物質から飛び出してくる現象**」のことです。また，飛び出した電子を「**光電子**」といいます。光を当てただけで電子という粒子が飛び出すのは不思議な感じがしますが，電子が光のエネルギーを受け取り，そのエネルギーを使って金属から飛び出す現象だと理解できますよね。

**問1**　金属 A にいろいろな周波数 $\nu$[Hz] の光を当て，飛び出してくる光電子の運動エネルギーの最大値 $K_0$[J] を測定したところ，図 1 のようなグラフが得られた。

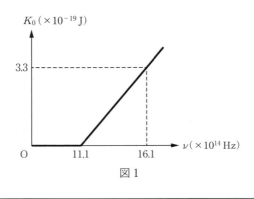

図 1

光電効果が重要なのは，光電効果にはいろいろな特徴が見られ，それらが光のもつ性質を示しているからです。光電効果には大きく 3 つの特徴がありますが，そのうちの 2 つが図 1 から確認できます。

**特徴①**
照射する光の振動数 $\nu$ がある値（この問題では $11.1 \times 10^{14}$ Hz）より小さければ，（どんなに光を強くしても）光電効果は起こらない。逆に，照射する光の振動数 $\nu$ がある値より大きければ，（どんなに光が弱くても）光電効果は起こる。

**特徴②**
照射する光の振動数 $\nu$ が大きいほど，飛び出す電子の運動エネルギーの最大値 $K_0$ が大きくなる。

さて，どうして光電効果にはこのような特徴があるのでしょう？　不思議なのは，電子が飛び出すかどうかも，飛び出した場合の電子の運動エネルギーの最大値 $K_0$ も，光の"振動数" $\nu$ にのみ依存し，光の"強さ"❶に

は無関係だということです。このことも，古典物理学では説明不可能なのです。古典物理学では，どんなに光の振動数 $\nu$ が小さくても，光の強度を上げればエネルギーは大きくなり，電子が飛び出すと考えられるからです。また，飛び出す電子の運動エネルギー $K_0$ も，光の振動数 $\nu$ だけでなく強度によっても変わるはずです。そして前述の通り，この謎を解明したのはアインシュタインでした[❷]。

1905 年，アインシュタインは「光は粒子であり，1 つの粒子は振動数 $\nu$ に比例するエネルギーをもっている」とする「光量子仮説」を提唱し，これによって光電効果を説明したのです（光の粒子は「光子」または「光量子」とよばれます）。どうしてこのように考えると，光電効果の特徴を説明できるのでしょう？

金属に光が照射されるとき，金属中の電子は光子 1 個からエネルギー $h\nu$ を受け取ります（2 個の光子からまったく同時にエネルギーを受け取ることは，確率的にほぼあり得ないことです）。そして，そのエネルギーを使って電子が金属中から飛び出します。このとき，金属中から電子が飛び出すのに必要な最低限のエネルギー量があります。これを「仕事関数」といい，金属の種類によってその値は決まっています。金属中の電子がせっかく光子からエネルギーを受け取っても，その量が仕事関数よりも小さかったら，電子は金属を飛び出すことができないのです。

以上のことから，仕事関数を $W$ として，

$$h\nu \geqq W \quad \cdots\cdots (a)$$

という関係が満たされるときには電子が金属を飛び出す（光電効果が起こる）のですが，$h\nu < W$ のときには電子は金属を飛び出すことができない（光電効果は起こらない）のだと理解できます。そして，(a)式の条件が満

---

❶「光の強さ」は，単位面積・単位時間当たりに運ばれるエネルギーで表されます。
❷アインシュタインの功績は相対性理論だけではありません。1921 年のノーベル物理学賞の受賞対象は，「光電効果」「特殊相対性理論」「ブラウン運動」の 3 つだとされています。なお，これらの 3 つの論文が発表された 1905 年は，「奇跡の年」とよばれています。

たされるときには電子が金属を飛び出しますが，電子は飛び出すのにエネルギー（仕事関数）$W$ を消費するので，残りのエネルギーは $h\nu - W$ です。ただし，実際にはほかにエネルギーロスが生じることがあるので，これは飛び出す電子の運動エネルギーの最大値ということになります。すなわち，次式のようになるわけですね。

$$K_0 = h\nu - W \quad \cdots\cdots (b)$$

それでは，ここまで説明したことを踏まえて問1の設問を解いていきましょう。

---

**(1)** 図1からプランク定数 $h$ [J·s] と金属 A の仕事関数 $W_A$ [J] を求めよ。

---

電子が飛び出すときには(b)式の関係が成り立つので，図1のグラフの傾きがプランク定数 $h$ に相当することがわかります。

$$h = \frac{(3.3-0) \times 10^{-19}\,\text{J}}{(16.1-11.1) \times 10^{14}\,\text{Hz}} = \mathbf{6.6 \times 10^{-34}\,\text{J·s}} \quad \cdots\cdots \text{（答）}$$

また振動数 $\nu_0 = 11.1 \times 10^{14}\,\text{Hz}$ のときに，ぎりぎり(a)式の関係が満たされる（$h\nu = W$）ことから，次のように金属 A の仕事関数 $W_A$ の値が求められます。

$$(6.6 \times 10^{-34}\,\text{J·s}) \times (11.1 \times 10^{14}\,\text{Hz}) = W_A$$
$$\therefore\ W_A \fallingdotseq \mathbf{7.3 \times 10^{-19}\,\text{J}} \quad \cdots\cdots \text{（答）}$$

なお，光電効果を起こすのに必要な振動数（この場合は $\nu_0 = 11.1 \times 10^{14}$ Hz）を「**限界振動数**」といいます。

---

**(2)** 金属 A に周波数 $21.1 \times 10^{14}$ Hz の光を 1.4 W の強度で当てたと

---

き，光電子の運動エネルギーの最大値 $K_0$[J] および 1 秒間当たりに生じる光電子の数を求めよ。ただし，入射光子すべてが電子を飛び出させるものとする。

まずは(b)式を使って，$K_0$ が次のように求められます。

$$K_0 = (6.6 \times 10^{-34}) \times (21.1 \times 10^{14}) - (6.6 \times 10^{-34}) \times (11.1 \times 10^{14})$$
$$= (6.6 \times 10^{-34}) \times ((21.1 - 11.1) \times 10^{14}) = 6.6 \times 10^{-34} \times 10^{15}$$
$$\mathbf{= 6.6 \times 10^{-19} \ J} \quad \cdots\cdots \text{（答）}$$

また，光の強度が 1.4 W（$=1.4$ J/s）だということは，1 秒間に 1.4 J のエネルギーの光を照射しているということです。1 個の光子は $\{(6.6 \times 10^{-34}) \times (21.1 \times 10^{14})\}$ J のエネルギーをもつことから，1 秒間当たりに入射する光子の数は次のように計算できます。

$$\frac{1.4 \ \text{J}}{\{(6.6 \times 10^{-34}) \times (21.1 \times 10^{14})\} \text{J}} \fallingdotseq \mathbf{1.0 \times 10^{18}} \text{（個）} \quad \cdots\cdots \text{（答）}$$

1.4 J はたいしたエネルギーではありませんが，それでも大量の光子の集団であることがわかりますよね。金属中の各電子は光子 1 個からエネルギーを受け取って飛び出すため，1 秒間当たりに生じる光電子の数は $1.0 \times 10^{18}$ 個となるのです。

(3) 光電子の運動エネルギーは，当てた光の強度には無関係であることがわかった。この理由を光の粒子説で説明せよ。

(b)式から，飛び出す電子の運動エネルギーの最大値 $K_0$ は，光の振動数 $\nu$ によって決まることがわかります。光の強度には無関係です。その理由は，**（答）金属中の電子は一度に 1 個の光子からしかエネルギーを受け取らないからです。1 個の光子のエネルギーは，光の振動数 $\nu$ によって決まります。光の強度を上げると光子の数は増えますが，光子 1 個当たりのエ**

ネルギーには無関係なため，飛び出す電子の運動エネルギーにも影響しないのです。

　問1を通して光電効果の特徴が見えてきましたが，光電効果のもう1つの特徴を確認し，それも踏まえて問2を考えてみましょう。

┌─ **特徴③** ▶
│ 照射する光の振動数 $\nu$ が一定なら，照射する光を強くするほど多くの電子が飛び出す。
└─

　光電効果は，(a)式（$h\nu \geqq W$）の条件さえ満たされれば起こります。その場合，光を強くすれば飛び出す電子の数が増えるということです。照射する光を強くするというのは「照射する光子の数を増やす」ということです。そうすれば，光子からエネルギーを受け取って飛び出す電子が増えるのは当然ですよね。

　続く問2では，光電効果の様子を具体的に測定するための装置が登場します。測定を行うことで，飛び出す電子について詳しく知ることができるのです。

---

　**問2**　光電管とは図2のように真空のガラス管の中に陽極と陰極を封じ込めたもので，電源回路を接続することで陽極と陰極の間に電圧を加えることができる。光電管の電極は金属Bでできており，これに光を当てて陽極の電位と光電流の関係を調べた。

　(1)　陰極に限界周波数 $\nu_0$ [Hz] より大きい周波数 $\nu$ [Hz] の光を当てて光電流を測定したところ，図3のように陽極の電位が $-V_0$ [V] のときに光電流が 0 A になった。$\nu_0 = 4.3 \times 10^{14}$ Hz，$\nu = 9.3 \times 10^{14}$ Hz のとき，阻止電圧 $V_0$ [V] を求めよ。

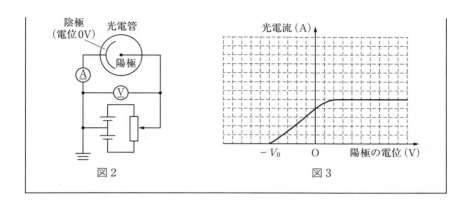

図2                    図3

　問題図2の装置では，光が照射された陰極から電子が飛び出し，それが陽極に到達します。電子はそのまま回路を流れるため，回路を流れる電流を測定すれば，陰極からどのくらいの電子が飛び出しているかがわかります。金属から飛び出す電子は目に見えませんが，このような測定を行うことでどのくらい飛び出しているのか知ることができるわけですね。

　さて，電子は負電荷なので，文字通り陰極が「負」，陽極が「正」になっていれば，陰極を飛び出した電子は問題なく陽極へたどり着けます。

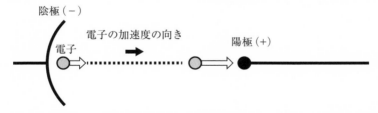

　ところが，陽極と陰極の正負を逆転させると（陰極を「正」，陽極を「負」とする），陰極を飛び出した電子が陽極へたどり着けなくなることがあります。これは，電子に次のような向きに加速度が生じるからです。

41

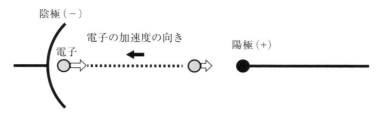

陰極（−）　電子の加速度の向き　陽極（+）　電子

　問題図 3 で陽極の電位が負になっているのは，このような状況です。そして，陽極の電位が $-V_0$ のときにちょうど光電流（回路に流れる電流）が 0（ゼロ）になります。これは，陰極を飛び出した電子の運動エネルギーが陽極にたどり着いたときにちょうど 0 となるときと考えられます。

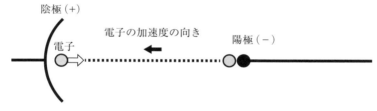

陰極（+）　電子の加速度の向き　陽極（−）　電子

　このようになると，電子は陰極へと引き戻されてしまうのです。陽極の電位が $-V_0$ のとき，電子は陰極から陽極まで運動する間に静電気力（クーロン力）によって $-eV_0$ の仕事をされます。そして，そのために運動エネルギーが 0（ゼロ）になります。陰極を飛び出すときの電子の運動エネルギーの最大値 $K_0 = h\nu - W$（(b)式）であることから，この関係は次式のように表せます。

$$0 - (h\nu - W) = -eV_0$$

　ここへ問 1 (1)で求めた $W = h\nu_0$ の関係を代入して整理し，各数値を代入すると，$V_0$ の値が次のように求められます。

$$V_0 = \frac{h\nu - h\nu_0}{e} = \frac{(6.6 \times 10^{-34}) \times \{(9.3 - 4.3) \times 10^{14}\}}{1.6 \times 10^{-19}}$$

$$\fallingdotseq \mathbf{2.1\ V} \quad \cdots\cdots \mathbf{（答）}$$

　ここで登場した $V_0$ は（設問文にある通り）「阻止電圧」とよばれ，回路に電流が流れなくなるときの電圧です。この問題では照射する光の振動

数や金属の限界振動数が与えられ，そこから阻止電圧を求めていますが，これとは逆に，**阻止電圧から照射する光の振動数または金属の限界振動数を求めるというのが阻止電圧の実際の利用法です。**

---

**(2)** 陰極に当てる光の周波数は変えずに強度を2倍にすると，図3の光電流はどのように変化するかグラフの概形を描け。また，その理由を光の粒子説で説明せよ。

---

　光電効果の特徴③から，陰極から飛び出す電子の数が増えることがわかりますよね。このとき，陽極へたどり着いて回路を流れる電子が増えることになります。問2(1)で求めた阻止電圧 $V_0$ は変わりません（$V_0$ を求めるのに光の強度は考慮しなかったことから理解できます）。よって，問題図3のグラフは，次のように変化することがわかります。

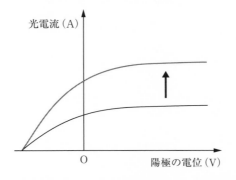

　このことは，言葉では次のように説明できます。<u>（答）照射する光の振動数が変わらないとき，陰極を飛び出す電子の運動エネルギーの最大値は変わりません。そのため光の強度を2倍にしても阻止電圧は変わらず，陽極へたどり着いて回路を流れる電子の数が2倍となり，光電流は2倍となります。</u>

(3) 次の表は4種類の金属の仕事関数の値を示したものである。測定結果から，金属 A, B はそれぞれ何であったかを表のなかから選んで答えよ。

| 金属 | 仕事関数 [eV] |
|---|---|
| セシウム | 1.8 |
| ナトリウム | 2.3 |
| 銅 | 4.6 |
| 金 | 5.5 |

　最後に，ここまでの測定を行うことで（陰極に利用した）金属の特定を行えることが示唆されています。

　問1(1)より，金属 A の仕事関数は $7.3 \times 10^{-19}$ J と求められました。いまは，これを「**eV（電子ボルト）**」という単位に換算する必要があります。1 eV とは「1個の電子（$1.6 \times 10^{-19}$ C）が電圧 1 V から得るエネルギー」のことで，次のように単位換算できます。

$$1 \text{ eV} = 1.6 \times 10^{-19} \text{ C} \times 1 \text{ V} = 1.6 \times 10^{-19} \text{ J}$$

　よって，金属 A の仕事関数は次のように換算でき，これに合致するのは **(答) 銅** だとわかります。

$$\frac{7.3 \times 10^{-19} \text{ J}}{1.6 \times 10^{-19} \text{ J/eV}} \fallingdotseq 4.6 \text{ eV}$$

　また，金属 B の仕事関数は，問2(1)で用いた $W = h\nu_0$ の関係から，

$$W = h\nu_0 = (6.6 \times 10^{-34} \times 4.3 \times 10^{14}) \text{J}$$

　先ほどと同様に，これは次のように換算でき，これに合致するのは **(答) セシウム** だとわかります。

$$\frac{(6.6 \times 10^{-34} \times 4.3 \times 10^{14}) \text{ J}}{1.6 \times 10^{-19} \text{ J/eV}} \fallingdotseq 1.8 \text{ eV}$$

以上，光電効果について詳しく見てきました。光電効果の謎を解き明かすには，光を粒子の集団と見なす必要があると理解できたでしょうか。これはとてつもなく大きな発見であり，これがきっかけとなってさらに大きな発見が続いていくことになります。

　ところで，光は「波動」であると理解していた人も多いことでしょう。光電効果によって光が「粒子」としての性質をもつことが明らかになりましたが，このことは光が波動の性質をもつことを否定するものではありません。**光は粒子と波動の両方の性質を併せもつ**ものだと明らかになったということなのです。

　光電効果は光の粒子性を考えなければ解明できませんが，例えば光の干渉は光の波動性なしには説明できません。光はこのような二重性をもつことが明らかになった，ということなのですね。

# 光子の利用

## ● 光子の運動量

　1887年にハインリヒ・ヘルツ（ドイツ，1857～1894年）は，放電によって電極から電磁波を発生させる実験を行った際，陰極に紫外線[1]を当てると火花がよく飛ぶことを見出しました。翌1888年，ヴィルヘルム・ハルヴァックス（ドイツ，1859～1922年）は，亜鉛板に紫外線を当てると正に帯電することに気がつきます。これらは光電効果そのものだったのですが，当時は電子が未発見だったため「電子が飛び出す」という現象の内実はわからなかったのです。しかし，1897年にJ.J.トムソンによって電子が発見されたことを契機に光電効果という現象が明らかになり，1905年にはアルベルト・アインシュタインが光量子仮説によってこれを解明したのでした。このようにして，光電効果の発見が「光の粒子性」の発見へとつながりました。

　光の粒子性は，日常生活の中でも実感することができます。例えば，海や山へ行って日差しを浴びると比較的，短時間で日焼けします。街中では，よほど日差しが強かったり長時間浴びたりしなければそんなには日焼けしません。これは，街中では大気中の塵などによって紫外線が散乱されるため，海や山に比べて紫外線の量が少ないからです。紫外線は振動数が大きいため，光子1つのエネルギーが大きいのですね。そのため，皮膚の分子と化学反応して色素の変化を引き起こします。一方，街中で浴びる光の振動数はそれより小さいものが多く，光子1つのエネルギーは大きくありません。それだと，皮膚の分子と化学反応を引き起こすにはエネルギー

---

[1]光は，広い意味では電磁波，狭い意味では可視光を指します。紫外線は可視光よりも波長の短い電磁波です。

が足りないのです。

さて，光子（光量子）という運動する粒子は，「エネルギー」とともに「運動量」をもちます。これを求めたのもアインシュタインであり，1916年に光子が次式で表される運動量 $p$ をもつことを明らかにしました。

$$p = \frac{h\nu}{c} = \frac{h}{\lambda} \; ❷ \qquad \left[ \begin{array}{l} h：プランク定数, \; \nu：光の振動数 \\ c：真空中の光速, \; \lambda：光の波長 \end{array} \right]$$

## ● 宇宙ヨット

運動量をもつ光子が何かに衝突すると，衝突された相手は力を受けます。その力は小さなものではありますが，うまく活用すると大変役立つものになります。特に，空気抵抗のない宇宙空間では光子の力が威力を発揮します。光子の力だけで宇宙船を推進することさえできて，この技術は実用化もされているのです。このことに関する問題を1つ見てみましょう。2021（令和3）年度に大阪工業大学の入試で出題されたものです。

空所を埋め，問いに答えよ。

(1) 地球には，太陽の光によって大量のエネルギーがもたらされている。そのエネルギーを測る尺度が太陽定数 $J_0$ [J/(m²·s)] である。これは地球大気の上端の面に垂直に入射した太陽光が，単位時間に与える単位面積当たりのエネルギー量（仕事率）である。

太陽定数から，太陽が単位時間に放射する全エネルギー（放射強度）$W_0$ [J/s] を見積もることができる。図1のように，太陽，地球間の距離を $R_e$ [m] とすると，太陽が放射するエネルギーは半径 $R_e$ の球の表面に均等に届く。太陽定数 $J_0$ は，単位時間にこの球面上

❷光は粒子性とともに波動性をもつので，波長 $\lambda$ という物理量をもっています。波長 $\lambda$ と振動数 $\nu$，伝わる速さ（光速）$c$ の間には，$c = \nu\lambda$ という波の基本式の関係が成り立ち，上式の変形ではこの関係式を使っています。

の $1\,\mathrm{m}^2$ に達する光のエネルギー量なので，表面積を考えると，$W_0$ は，次のように書ける。

$$W_0 = \boxed{\quad \mathcal{P} \quad} \quad \cdots\cdots ①$$

以下では，光を粒子（光子または光量子とよぶ）として考え，太陽から放射される光子が，すべて同じエネルギー $E_0\,[\mathrm{J}]$ をもつと仮定する。このとき，太陽が単位時間に放出する光子の個数 $n_0\,[1/\mathrm{s}]$ は，次のようになる。

$$n_0 = \dfrac{W_0}{\boxed{\quad \mathcal{I} \quad}} \quad \cdots\cdots ②$$

また，エネルギー $E_0$ の1つの光子は次のような大きさの運動量 $p_0\,[\mathrm{kg \cdot m/s}]$ をもつ。

$$p_0 = \dfrac{E_0}{c} \quad \cdots\cdots ③$$

ここで，$c\,[\mathrm{m/s}]$ は，光の速さである。

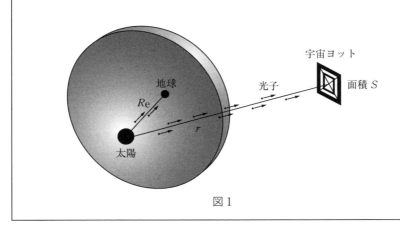

図1

太陽を中心とした半径 $R_e\,[\mathrm{m}]$ の球の表面積は $4\pi R_e{}^2\,[\mathrm{m}^2]$ です。太陽からはこの球面全体に均等に光が照射されていると考えられます。この球面の単位面積（$1\,\mathrm{m}^2$）当たりには単位時間に $J_0$ のエネルギーが届きます。

第
1
部

量子論

48

よって，球面全体には単位時間に $J_0 \times 4\pi R_e^2$ のエネルギーが届くことがわかり，これが単位時間に太陽が放射する全エネルギー量 $W_0$ です。

$$W_0 = 4\pi J_0 R_e^2 \quad \cdots\cdots \text{（答）}$$

また，太陽は単位時間にエネルギー $E_0$ の光子を個数 $n_0$ だけ放射するので，単位時間に放射する全エネルギー量は $E_0 n_0$ です。これが $W_0$ であることから，$n_0$ が次のように表せます。

$$W_0 = E_0 n_0 \qquad \therefore\ n_0 = \frac{W_0}{E_0} \quad \cdots\cdots \text{（答）}$$

---

(2) 太陽の放射エネルギーを用いて進む宇宙船（宇宙ヨット）は，宇宙空間を移動する手段として古くから提案されてきた。宇宙ヨットとは，図 2 に示すような大きな帆をもつ宇宙船で，その帆に衝突する光子の力積を動力源とする。2010 年には，JAXA（宇宙航空研究開発機構）によって実証機イカロスが打ち上げられている。

図 1 のように，帆の面積 $S\,[\mathrm{m}^2]$ の宇宙ヨットが太陽から $r\,[\mathrm{m}]$ の距離にあり，光子はすべて帆に垂直に衝突するとする。このとき，単位時間に帆に衝突する光子の個数 $n\,[1/\mathrm{s}]$ は，

$$n = \boxed{\ \text{ウ}\ } \times n_0 \quad \cdots\cdots ④$$

となる。図 2 のように衝突した光子の一部は帆によって反射され，残りは吸収される。反射される光子はすべて弾性衝突をし，吸収される光子はすべて完全非弾性衝突をすると考える。運動量 $p_0$ の 1 つの光子が宇宙ヨットの帆に衝突して反射されるとき，宇宙ヨットの運動量は $2 \times \boxed{\ \text{エ}\ }$ 増加し，吸収されるときには，$\boxed{\ \text{エ}\ }$ 増加する。光子が帆で反射される割合を $k$（$0 \leqq k \leqq 1$）とすると，$n$ 個の光子に対し，単位時間当たりに帆で反射される光子が与える力積は $\boxed{\ \text{オ}\ }$ となり，吸収される光子が与える力積は $\boxed{\ \text{カ}\ }$ となる。

単位時間当たりに光子が帆に与える力積は，宇宙ヨットを太陽から遠ざける向きの力 $F_0$ [N] に等しく，

$$F_0 = p_0 n (1+k) \quad \cdots\cdots ⑤$$

となる。この力の向きを正とする。この式⑤に，式①−④を用いると，$F_0$ は $R_e$, $J_0$, $S$, $r$, $c$, $k$ を用いて表すことができ，次のようになる。

$$F_0 = \boxed{\text{キ}} \times \frac{1}{r^2} \quad \cdots\cdots ⑥$$

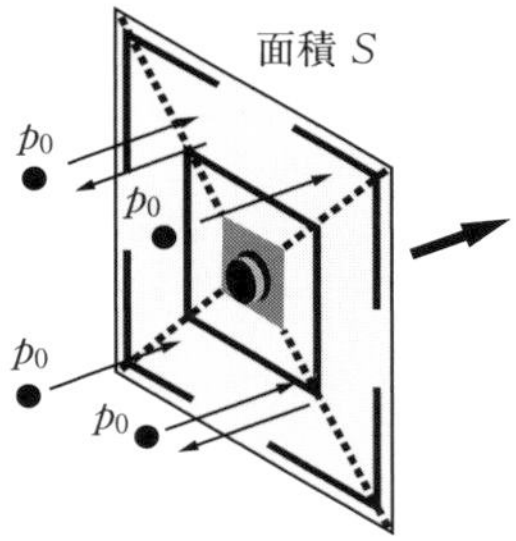

面積 $S$

$p_0$
$p_0$
$p_0$
$p_0$

図2

ここで紹介されている宇宙ヨット「イカロス」は，大きく帆を広げたものになっています。衝突する光子の数を増やして，大きな推進力を得るためです。ただし，宇宙ヨットの質量を 0（ゼロ）にすることはできないため，太陽からの万有引力も受けます。光子の力がこれに勝らなければ，太陽から離れていくことはできません。そして，どのくらい帆を広げたらよいのか，それを考えるのが問題のテーマとなっています。

さて，太陽を中心とする半径 $r$ の球を考えると，この球の表面積は $4\pi r^2$ です。単位時間に太陽から放射される個数 $n_0$ の光子は，この球面全体に均等に降り注ぎます。よって，この球面上にある帆の面積 $S$ の宇宙ヨットに，単位時間に衝突する光子の個数 $n$ は次式のように表されます。

$$n = \frac{S}{4\pi r^2} \times n_0 \quad \cdots\cdots \text{(答)}$$

　そして，宇宙ヨットは衝突してくる光子から力を受けることになります。その大きさを求めていきましょう。

　ここでは，1つの光子の宇宙ヨットの帆への衝突を考えます。次図のように，光子が宇宙ヨットの帆で反射（弾性衝突）するとき，光子の運動量が変化します。これは，運動量が向きをもつベクトルであるためですね。衝突前後で光子の運動量の大きさは変わりませんが❶，向きが変わるために運動量自体は変化するのです。

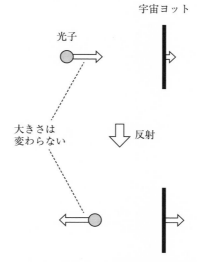

　図の右向きを正とすると，光子の衝突前の運動量は $p_0$，衝突後の運動量は $-p_0$ となります。つまり，光子の運動量の変化は次のように求められます。

$$(-p_0) - p_0 = -2p_0$$

---

❶正確には，運動する宇宙ヨットで反射することで光の波長が変化し運動量の大きさが変わりますが，宇宙ヨットの速度が示されてないこの問題ではその影響は無視して良いでしょう。

ここで，衝突においては「運動量保存の法則」❶ が成り立ちます。つまり，光子の運動量の変化と宇宙ヨットの運動量の変化の総和は 0（ゼロ）であるため，宇宙ヨットの運動量は **(答)** $2p_0$ だけ増加したとわかります。

　次は，光子が吸収されるときを考えましょう。この場合は次図のように光子が消えてしまうと考えればよいので（つまり，運動量が消えてしまう），光子の運動量の変化は次のように求められます。

$$0 - p_0 = -p_0$$

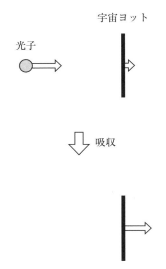

　よって，やはり運動量保存の法則から，宇宙ヨットの運動量は **(答)** $p_0$ だけ増加したとわかります。

　このように，光子が衝突することで宇宙ヨットの運動量が増加する（加速する）ことがわかりました。そして，光子が吸収されるよりも反射する方が宇宙ヨットの運動量の増加量が大きいこともわかりました。実際に，

---

❶複数の物体が衝突をするとき，衝突の前後で運動量の総和は変わりません。これを「運動量保存の法則（運動量保存則）」といいます。

宇宙ヨットでは光が反射しやすいよう鏡面が使われています。

　宇宙ヨットには単位時間に個数 $n$ の光子が衝突するわけですが，そのうちの一部が反射され，残りは吸収されます。反射される割合が $k$ のとき，反射される個数は $kn$，吸収される個数は $(1-k)n$ となります。

　さて，問題では「光子が宇宙ヨットに与える力積」が問われています。どのように求めればよいのでしょう？　先ほど，光子が衝突したときの宇宙ヨットの運動量の変化を求めました。ここで，運動量の変化は力積によってもたらされるという関係が利用できます。

　　　（物体の運動量の変化）＝（物体が受ける力積）

　つまり，

　　　（反射される光子 1 つが帆に与える力積）＝$2p_0$
　　　（吸収される光子 1 つが帆に与える力積）＝$p_0$

だということですね。以上のことから，単位時間当たりについて，

　　　（帆で反射される光子が与える力積）＝$\bm{2p_0kn}$　……（答）
　　　（帆で吸収される光子が与える力積）＝$\bm{p_0(1-k)n}$　……（答）

と求められ，これらの和は次のようになります。

　　　$2p_0 \times kn + p_0 \times (1-k)n = p_0n(1+k)$

　これが「単位時間に帆が受ける力積」なのですが，ここで「（単位時間に受ける力積）＝（受ける力）」という関係が利用できます❷。

　このようにして，宇宙ヨットの帆が光子から受ける力 $F_0 = p_0n(1+k)$ が求められました。次は，ここまで求めてきた関係式を使って $F_0$ の値を書

❷物体が受ける力積は「（物体が受ける力）×（時間）」ですが，力を受けるのが単位時間（時間1）のときには次のようになります。
　　（受ける力積）＝（受ける力）×1＝（受ける力）

き直そうという内容です。まずは、式③ $\left(p_0=\dfrac{E_0}{c}\right)$ と式④ $\left(n=\dfrac{S}{4\pi r^2}n_0\right)$ を

代入します。

$$F_0=\frac{E_0}{c}\times\frac{S}{4\pi r^2}n_0\times(1+k)$$

さらに、ここへ式② $\left(n_0=\dfrac{W_0}{E_0}\right)$ を代入します。

$$F_0=\frac{E_0}{c}\times\frac{S}{4\pi r^2}\times\frac{W_0}{E_0}\times(1+k)$$

最後に式① $(W_0=4\pi J_0 R_e{}^2)$ を代入して整理すると、次のようになります。

$$F_0=\frac{E_0}{c}\times\frac{S}{4\pi r^2}\times\frac{4\pi J_0 R_e{}^2}{E_0}\times(1+k)$$

$$=\frac{\boldsymbol{J_0 S R_e{}^2(1+k)}}{\boldsymbol{c}}\times\frac{1}{r^2}\quad\cdots\cdots\textbf{(答)}$$

このように、宇宙ヨットが太陽から受ける力の大きさを求めることがで

きました。さて、この力によって宇宙ヨットは太陽から離れていくことが

できるのでしょうか？

---

(3)　太陽から距離 $r$ の地点にある宇宙ヨットは、同時に太陽からの万

有引力も受けるが、$F_0$ と逆向きである。したがって、太陽以外の

天体の影響を無視し、宇宙ヨットの質量を $m$ [kg] とすると、

（宇宙ヨットが受ける力）$=F_0-\dfrac{GM_0 m}{r^2}$　$\cdots\cdots$ ⑦

となる。ここで、$M_0$ [kg] は太陽の質量、$G$ [m³/(kg·s²)] は万有引

力定数である。

帆の面積が、ある値 $S_C$ [m²] より大きくなると $r$ によらず、宇宙

ヨットは常に太陽から遠ざかる向きに力を受け進むことができる。

以下では、$M_0$ と $G$ の積を $GM_0=1.3\times10^{20}$ m³/s² とし、$c=3.0\times$

$10^8$ m/s、$R_e=1.5\times10^{11}$ m、$J_0=1.4\times10^3$ J/(m²·s) とする。

**問1**　式⑦から、$k=0.70$、$m=1.4\times10^2$ kg の宇宙ヨットにおける

$S_C$ を計算せよ。

設問文で説明されている通り，宇宙ヨットは光子の衝突による推進力だけを太陽から得るわけではありません。推進を妨げる万有引力も受けるのです。宇宙ヨットが太陽から遠ざかる向きに力を受けるには，次のような条件を満たす必要があります。

　　（光子の衝突による推進力）＞（太陽からの万有引力）

そして，この条件は次式のように表すことができます。

$$F_0 - \frac{GM_0 m}{r^2} > 0$$

ここへ先ほど求めた式を代入して整理すると，

$$\frac{J_0 S R_{\mathrm{e}}{}^2 (1+k)}{c} \times \frac{1}{r^2} - \frac{GM_0 m}{r^2} > 0$$

$$\rightarrow \quad \left\{ \frac{J_0 S R_{\mathrm{e}}{}^2 (1+k)}{c} - GM_0 m \right\} \frac{1}{r^2} > 0$$

$$\rightarrow \quad \frac{J_0 S R_{\mathrm{e}}{}^2 (1+k)}{c} - GM_0 m > 0$$

本問では宇宙ヨットの帆の面積 $S$ の条件を求めればよく，次のように求められます。

$$\rightarrow \quad \frac{J_0 S R_{\mathrm{e}}{}^2 (1+k)}{c} > GM_0 m \quad \rightarrow \quad S > \frac{GM_0 mc}{J_0 R_{\mathrm{e}}{}^2 (1+k)} = S_{\mathrm{C}}$$

そして，具体的な数値を代入すると，$S_{\mathrm{C}}$ は次のように求められます。

$$S_{\mathrm{C}} = \frac{1.3 \times 10^{20} \times 1.4 \times 10^2 \times 3.0 \times 10^8}{1.4 \times 10^3 \times (1.5 \times 10^{11})^2 \times (1+0.70)} \fallingdotseq \mathbf{1.0 \times 10^5\,m^2} \quad \cdots\cdots \textbf{（答）}$$

東京ドームが 47000 m² 程度の広さですから，その2倍以上の面積ということですね。宇宙ヨットの帆がこれほど広ければ，推進力を継続的に得て太陽から遠ざかっていけるということです。これは，搭載した燃料を消費して推進力を得るのではなく，太陽光の力だけを利用したすごいシステムです。ただし，そのためにはとてつもなく大きな帆を広げなければならないということですね。

　この問題では，宇宙ヨットの質量が $1.4 \times 10^2$ kg（140 kg）とされてい

ます。その場合には $1.0 \times 10^5\,\text{m}^2$（約 316 m 四方の正方形の面積）まで帆を広げなければならないのです。これを実現するには帆を相当薄く，かつ丈夫にしなければならず，これが宇宙ヨットに求められる技術課題の 1 つです。この問題では光子を反射する割合が 0.70（70%）ですが，鏡面を利用して 1（100%）に近づけることはできるでしょう。それでも，大幅には必要な面積は小さくなりません。

　ところで，実際に運用されているイカロスの質量は約 310 kg，帆は 14 m 四方の正方形です。「あれ？」と思われたことでしょう。そうです，ここで求めた結論は「140 kg の宇宙ヨットを太陽から遠ざけるには 316 m 四方の正方形の帆が必要」なのに，実際にはより大きな質量のものをより小さな面積で運用しているのです。どうして，このようなことが可能なのでしょう？　それは，地球から打ち上げられたイカロスは太陽からまっすぐ遠ざかるのではなく，地球などの惑星と同じように太陽の周りを周回しながら少しずつ遠ざかっているからです。地球が周回するのと同じ向きに打ち上げられた宇宙船は，その後，地球と同じように太陽の周りを回ります。

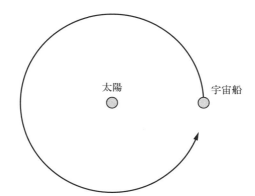

　つまり，光子の衝突による力を受けない場合，宇宙船は太陽に近づきも遠ざかりもしないのです。このことは，「太陽からの万有引力と遠心力がつり合っているから」と理解することもできます。

　イカロスでは，この状態に光子の衝突による力が加わります。そうすれ

ば，徐々に太陽から遠ざかるように軌道をずらしていくことになるのです（太陽からの万有引力は遠心力とつり合っているから考えなくてよい，と理解することもできます）。

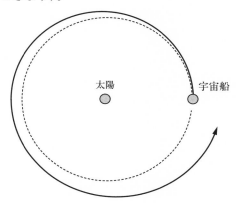

## ● 光子の運動量の導出

ところで，光子の運動量 $p$ が次式のように表されることは，どのようにして求められるのでしょう？

$$p=\frac{h\nu}{c}=\frac{h}{\lambda} \qquad \left[\begin{array}{l} h：プランク定数，\nu：光の振動数 \\ c：真空中の光速，\lambda：光の波長 \end{array}\right]$$

その導出過程を理解できる問題がありますので，見てみたいと思います。これは 1993（平成 5）年度の京都大学の入試で出題されたものです。

次の文章を読んで，◻ に適した式を記せ。

$yz$ 平面に平行な鏡が $x$ 軸方向に速度 $v\,[\mathrm{m/s}]$ で運動している。$x$ 軸に平行に進む光がこの鏡に左（$x$ 座標の小さい側）から入射すると，光の波長は反射により $\lambda\,[\mathrm{m}]$ から $\lambda'\,[\mathrm{m}]$ に変化する。鏡の速度が反射により変化しないとすると，$\lambda'$ と $\lambda$ の関係は次のようにして求められる。まず，光速を $c\,[\mathrm{m/s}]$ とすると，ある時刻 $t$ に鏡の面から $\lambda\,[\mathrm{m}]$

離れた点を通過した光は時間 $\boxed{\quad イ \quad}$ [s] で鏡の面に達する。このとき，時刻 $t$ に鏡で反射した光は鏡からちょうど $\lambda'$ だけ離れた点に達している。したがって，$\lambda'$ は $\lambda$，$v$，$c$ を用いて ①$\lambda' = \boxed{\quad ロ \quad}$ と表される。ただし，実際には鏡が有限な質量 $M$ [kg] をもつとすると，鏡の速度は光の反射により変化する。この速度の変化は $M$ が大きくなるとゼロに近づくので，$M$ が十分大きいとき，鏡の運動エネルギーの変化 $\Delta E$ [J] は運動量の変化 $\Delta p$ [N·s] と $v$ を用いて ②$\Delta E = \boxed{\quad ハ \quad}$ と表される。いま，光を光子の集まりと見なすと，各光子は光の振動数を $f$ [Hz]，プランク定数を $h$ [J·s] として $\varepsilon = hf$ [J] のエネルギーをもつので，①式，②式およびエネルギーと運動量の保存則より，光子の運動量は $\varepsilon$ を用いて $\dfrac{\varepsilon}{c}$ [N·s] と表されることがわかる。

この問題で考えているのは，次図のような状況です。

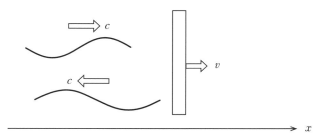

まずは，鏡の面から距離 $\lambda$ だけ離れた光が鏡に達するまでの時間を求めてみましょう。光は速さ $c$ で鏡を追いかけますが，鏡は速さ $v$ で光から遠ざかります。よって，光は大きさ $c-v$ の相対速度で鏡に近づくことになるので，距離 $\lambda$ だけ近づくのにかかる時間は <u>(**答**) $\dfrac{\lambda}{c-v}$</u> となります。

一方，鏡で反射した光は大きさ $c+v$ の相対速度で鏡から遠ざかることになります。よって，時間 $\dfrac{\lambda}{c-v}$ だけ経つと光は鏡から次式で表される距

離 $\lambda'$ だけ離れた点に達することになります。

$$\lambda' = (c+v) \times \frac{\lambda}{c-v} = \frac{c+v}{c-v}\lambda \quad \cdots\cdots \text{(答)}$$

以上のことから，光が動く鏡で反射することで，どのように波長が変化するかがわかります（下図参照）。すなわち，時間 $\frac{\lambda}{c-v}$ の間に **1 波長分の光** が鏡で反射し，それが長さ $\lambda' = \frac{c+v}{c-v}\lambda$ となります（つまり，波長が $\lambda$ から $\lambda' = \frac{c+v}{c-v}\lambda$ に伸びるということです）。

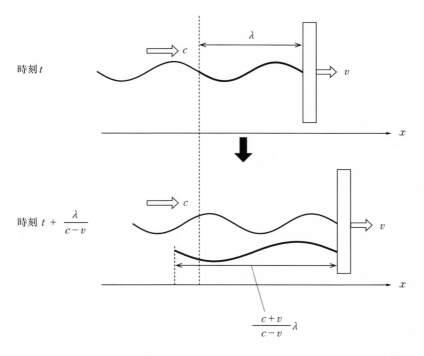

時刻 $t$

時刻 $t + \dfrac{\lambda}{c-v}$

$\dfrac{c+v}{c-v}\lambda$

続いて，このときの鏡の運動エネルギーの変化を求めましょう。光が衝突することで鏡の速度が $v$ から $v+\varDelta v$ に変化したとすると，運動エネルギーは $\frac{1}{2}Mv^2$ から $\frac{1}{2}M(v+\varDelta v)^2$ へと変化します。よって，運動エネルギー

の変化 $\Delta E$ は次のように求められます。

$$\Delta E = \frac{1}{2}M(v+\Delta v)^2 - \frac{1}{2}Mv^2 = Mv\Delta v + \frac{1}{2}M(\Delta v)^2$$

ここで，問題文に「速度変化が 0（ゼロ）に近づく」とあることから，$\Delta v$ の 2 乗の項は微小であるとわかるのでこれを無視すると，次のように近似できます。

$$\Delta E \fallingdotseq Mv\Delta v$$

そして，鏡の運動量の変化 $\Delta p = M\Delta v$ であることから結局，$\Delta E$ は次のように求められるのです。

$$\Delta E \fallingdotseq v\Delta p \quad \cdots\cdots\text{（答）}$$

ここまでで求めた式を用いると，光子の運動量を表す式が求められるといいます。まず，光子のエネルギー $\varepsilon$ は次式のように表せます[1]。

$$\varepsilon = hf = \frac{hc}{\lambda}$$

よって，光子のエネルギーの変化は次のように求められます。

$$\Delta\varepsilon = \frac{hc}{\lambda'} - \frac{hc}{\lambda} = \frac{hc}{\lambda}\left(\frac{c-v}{c+v}-1\right)$$

$$= -\frac{2v}{c+v}\cdot\frac{hc}{\lambda} \quad \left(\frac{2v}{c+v}\cdot\frac{hc}{\lambda}\text{ だけ\underline{減少}}\right)$$

したがってエネルギー保存の法則から，鏡の運動エネルギーの変化 $\Delta E$ は，

$$\Delta E = \frac{2v}{c+v}\cdot\frac{hc}{\lambda}$$

ここで，$\Delta E \fallingdotseq v\Delta p$ の関係から，

$$\frac{2v}{c+v}\cdot\frac{hc}{\lambda} \fallingdotseq v\Delta p$$

したがって，鏡の運動量の変化 $\Delta p$ は次のように表せます。

---

[1] 光は波動性をもつので，波の基本式 $c = f\lambda$ を使って式変形しました。

第1部 ── 量子論

$$\Delta p = \frac{2}{c+v} \cdot \frac{hc}{\lambda}$$

つまり，鏡の運動量がこれだけ増加するということですが，運動量保存の法則から光子の運動量はこれと同じだけ減少することがわかります。すなわち，光子の運動量変化は次のように表せます。

$$-\frac{2}{c+v} \cdot \frac{hc}{\lambda} = \frac{h}{\lambda}\left(-\frac{c-v}{c+v}-1\right) = -\frac{h}{\lambda'}-\frac{h}{\lambda}$$

この式は，衝突前の光子の運動量 $\frac{h}{\lambda}$ を衝突後の光子の運動量 $-\frac{h}{\lambda'}$ から差し引いたものだと理解できます（運動量は向きをもつベクトルであるため，衝突後の（$x$ 軸負の向きへ運動する）光子の運動量は負の値となります）。すなわち，光子の運動量が $\frac{h}{\lambda} = \frac{\varepsilon}{c}$ と表せることが導出できたのです[2]。

---

[2] $\varepsilon = \frac{hc}{\lambda}$ の関係を利用しました。

---

# 第3章

# X線の探究

## ●X線の発見

　第2章では，光の粒子性について見てきました。光の粒子性が明らかになったことが，ミクロな世界をつかさどる物理法則を明らかにする大きな一歩となったのです。

　私たちが目にしている光（可視光）が，粒子性と波動性という2つの性質を併せもっていることはなんとも不思議なことですが，実はこれは可視光だけのことではありません。現在では，私たちの目に見えない光も同様の二重性をもつことが明らかになっています。量子論は，このような不思議な世界を明らかにしてくれます。

　可視光に続いて，粒子と波動の二重性が明らかになったのはX線でした。そこで，本節ではX線について学んでいきましょう。

　X線は，1895年にヴィルヘルム・レントゲン（ドイツ，1845～1923年）によって発見されました。レントゲンがX線を発見したのは，9ページで登場した真空放電の実験を行っていたときのことでした。

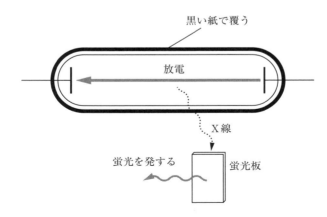

真空放電を行うと，そこから離れたところに置いてあった蛍光板が蛍光を発していることにレントゲンは気づいたのです。そして，これは真空放電で発生する光が原因ではないかと考え，ガラス管（真空放電管）を黒い紙で覆って同じように真空放電を行いました。ところが黒い紙で覆っても，同じように 90 cm も離れたところに置いてあった蛍光板が蛍光を発していたのです。この現象は，ガラス管から未知の光のようなものが出ているからだろうと，レントゲンは考えました。それは，「目に見えない何か」です。方程式で未知数を $x$, $y$, $z$, ……と表すのと同じように，未知の光線ということで，レントゲンはこれを「X 線」❶とよびました。

レントゲンは X 線発見の功績により，1901 年に第 1 回ノーベル物理学賞を受賞しました。なお，その際の賞金は「X 線は人類が広く利用すべきもの」との考えから全額を大学へ寄付しました。また，多くの人に特許取得を勧められましたが，すべて断りました。そのおかげもあって，1914年に勃発した第一次世界大戦では，X 線が兵士の診断治療に大いに活用されたそうです。しかし，レントゲン自身は大戦によるハイパーインフレ（ハイパーインフレーション）の中で，困窮のうちにその生涯を終えたといいます。

## ●X 線の正体（波動性）

さて，このようにして発見された X 線ですが，その正体は謎のままでした。X 線の正体がさまざまな観測事実から徐々に明らかになっていったのですが，粒子性に先んじて明らかになったのは波動性でした。1912年，マックス・フォン・ラウエ（ドイツ，1879〜1960 年）は結晶構造をもつ物質に細く絞った X 線を照射すると，次のような「ラウエ斑点」とよばれる斑点の集まりが現れることを発見しました。

---

❶レントゲンの功績を称えて「レントゲン線」とよばれることもありますが，控え目な性格だったレントゲン自身はこの呼称を使いたがらなかったようです。

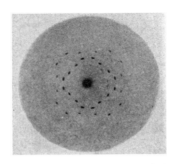

　斑点は，X線が強く当たった場所にできたと考えられます。どうして，X線は特定の場所にだけ強く照射されたのでしょう？　このことは，X線が波動性をもつと考えると説明がつきます。

　「結晶」とは，原子（または分子，イオン）が規則正しく配列している固体のことです。ここへX線を照射すると，下図のようにX線が結晶内の格子面（原子が等間隔で並んだ面）で反射します。このとき，X線が波動であれば入射角と反射角が等しくなるよう反射します（「反射の法則」）。このようなことがそれぞれの格子面で起こると，反射したX線どうしが重なり合うことになります。そして，X線が波動であれば反射波どうしで干渉を起こすはずです。複数の波動が条件によって強め合ったり弱め合ったりするのが干渉であり，この場合は特定の方向に反射したX線だけが強め合うことになります。その方向にラウエ斑点が見られるのだと理解できるわけですね。このように，X線が波動だと考えればラウエ斑点が生じる仕組みをスッキリと説明できるのです。

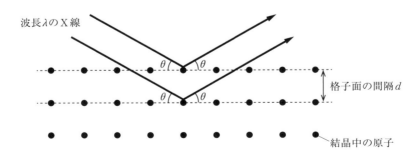

それでは，結晶へ照射した X 線がどのような条件を満たす方向へ反射したときに強め合うのか，具体的に考えてみましょう。上図で，上下に隣り合う格子面で反射する X 線どうしの間に生まれる光路差を求めてみます。

　次図から，2 つの X 線の光路差は $2d \sin \theta$ だとわかりますよね。よって，X 線の波長が $\lambda$ のときには，次式を満たす方向 $\theta$ にラウエ斑点ができることが理解できます。

$$2d \sin \theta = n\lambda \quad (n = 1, 2, 3, \cdots\cdots)$$

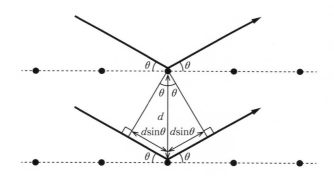

　実は，この関係はラウエ斑点が発見されたのと同じ 1912 年にブラッグ父子[1] によって見出されたものです。そのため，この関係式は「**ブラッグの条件**」とよばれます。実際にブラッグの条件を満たす X 線が存在することは，X 線の波長 $\lambda$ が結晶内の原子間距離（格子間距離）$d$ に近い値であることを示しています。これは私たちの目に見える可視光の波長よりずっと小さな値であり，X 線がそれだけ波長の短い波動であることを示しています。

　そして，原子間距離 $d$ がわかっている結晶を用いて X 線を干渉させれ

---

[1] ヘンリー・ブラッグ（イギリス，1862〜1942 年）とローレンス・ブラッグ（イギリス，1890〜1971 年）の親子です。

ば，ブラッグの条件から X 線の波長 $\lambda$ を求めることができます。逆に，波長 $\lambda$ のわかっている X 線を用いて干渉実験を行えば，結晶の原子間距離 $d$ を求めることができます。現在では，X 線の干渉は結晶構造解析❶の有効な手段となっています。

## ◉ X 線の干渉と結晶構造解析

それでは，2021（令和 3）年度に東京理科大学で出題された入試問題を通して，X 線の発見史について理解を深めていきましょう。まずは，リード文（導入文）を確認します。

> **Lead**
>
> 　次の問題の［　　　］の中に入れるべき正しい答を解答群の中から選びなさい。必要なら，同一番号を繰り返し用いてよい。
>
> 　X 線の発生装置（X 線管）は，図 1 のように真空のガラス管の内部に 2 つの電極が埋め込まれたものである。陰極のフィラメントを熱することにより発生した電子（熱電子）を，高電圧電源により 2 つの電極間にかけた電圧で加速し陽極のターゲットに衝突させると，電子が急減速して X 線が発生する。発生した X 線には 2 種類あり，特定の波長をもつ特性 X 線と波長が連続的に分布している連続 X 線があるが，ここでは連続 X 線だけを考えることにする。この X 線の波動性を確かめるための一連の実験について以下の問いに答えなさい。ただし，電気素量を $e$ [C]，電子の質量を $m$ [kg]，真空中の光速を $c$ [m/s]，プランク定数を $h$ [J·s] とする。

❶ X 線によって結晶の原子・分子構造を明らかにする実験科学を「**X 線結晶構造解析**」といいます。さまざまな科学分野を発展させてきた重要な学問です。

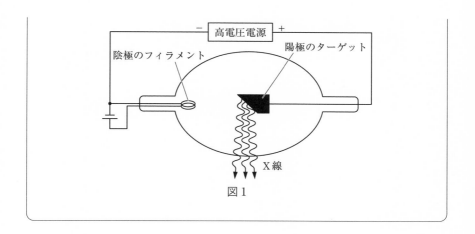

図1

金属などの物質を高温に熱すると、その表面から電子が放出されること
があります。この現象を「**熱電子放出**」といい、放出された電子を「**熱電
子**」といいます。これは、電子が運動エネルギーを得たことによる現象だ
と理解できます。

また、X線には「特性（固有）X線」と「連続X線」があることも書
かれています。これらは発生理由も含めて146ページ以降で詳しくとり上
げますが、ごく簡単にイメージだけ示しておくと次図のようなものです。
図中の$\lambda_1$, $\lambda_2$という特定の波長をもつ部分が特性X線で、それ以外の部
分が連続X線です。この問題ではイレギュラーな特性X線を無視して、
連続X線だけを考えようというわけですね。

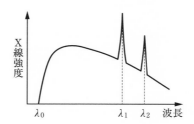

**(1)** 陰極から発生した電子の初速度の大きさが 0 m/s であり，高電圧電源により 2 つの電極間にかけた電圧 $V$ [V] で加速された電子の運動エネルギーが，陽極に衝突したときにすべてが X 線のエネルギーに変わるとして，連続 X 線の最短波長を求めると （ア） [m] となる。

（ア）の解答群

0 $\dfrac{mc^2}{eV}$　　1 $\dfrac{eV}{mc^2}$　　2 $\dfrac{eV}{hc}$　　3 $\dfrac{hc}{eV}$　　4 $\dfrac{e^2V}{hc}$

5 $\dfrac{hc}{e^2V}$　　6 $\dfrac{eV}{hc^2}$　　7 $\dfrac{hc^2}{eV}$　　8 $\dfrac{e^2V}{mc^2}$　　9 $\dfrac{mc^2}{e^2V}$

　設問文では，電圧 $V$ で加速された電子の運動エネルギーが，すべて X 線のエネルギーに変わるとされています。電圧 $V$ で $eV$ だけ仕事をされたことにより加速し，これが運動エネルギーに変わり，さらに X 線のエネルギーになるわけです。次節（81 ページ以降）で改めて説明しますが，X 線は粒子性をもつので，光の場合と同じく X 線も光子（光量子）の集まりだと考えられます。1 つの光子のエネルギーは，波長 $\lambda$ を使って $\dfrac{hc}{\lambda}$ と表されます。したがって次の関係が成り立ち，これを解いて発生する X 線の波長 $\lambda$ が求められます。

$$eV = \frac{hc}{\lambda} \qquad \therefore \ \lambda = \frac{hc}{eV} \quad \cdots\cdots (\textbf{答})$$

　ただし，これは電子の運動エネルギーがすべて X 線光子のエネルギーに変わった場合の値です。実際には，電子の運動エネルギーの一部だけが X 線光子のエネルギーに変わることがほとんどなので，その場合には X 線光子のエネルギーは $\dfrac{hc}{\lambda}$ より小さく（波長 $\lambda$ がより大きく）なります。そのため，求められたのは X 線の最短波長です。これは，前ページのイメージ図では $\lambda_0$ に該当します。

(2) このような X 線発生装置から発生した連続 X 線を用いて，結晶格子からの回折現象を考える。まず図 2 のように，間隔 $d$ [m] で並んだ原子列面をもつ結晶 A に対して X 線を角度 $\theta_A$ [rad] で入射し，同じ角度 $\theta_A$ [rad] で反射した X 線の強度を検出器により測定する。角度 $\theta_A$ [rad] を固定しておき，X 線発生装置の加速電圧を 0 V から増加させていくと，ブラッグの条件を満たす原子列面からの反射 X 線の強め合いが，加速電圧が ［（イ）］ [V] 以上になると初めて起こった。以後の実験のために，［（イ）］ [V] の電圧の 2.2 倍まで電圧をさらに増加させて電圧を固定した。

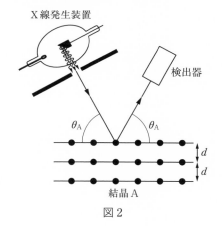

図 2

（イ）の解答群

0 $\dfrac{ed\sin 2\theta_A}{hc}$  1 $\dfrac{hc}{ed\sin 2\theta_A}$  2 $\dfrac{2ed\sin 2\theta_A}{hc}$

3 $\dfrac{hc}{2ed\sin 2\theta_A}$  4 $\dfrac{ed\sin \theta_A}{hc}$  5 $\dfrac{hc}{ed\sin \theta_A}$

6 $\dfrac{2ed\sin \theta_A}{hc}$  7 $\dfrac{hc}{2ed\sin \theta_A}$  8 $\dfrac{ed\sin\left(\dfrac{\theta_A}{2}\right)}{hc}$

$$9 \quad \frac{hc}{ed \sin\left(\frac{\theta_A}{2}\right)}$$

続いて，発生させた X 線を結晶に照射します。そして問題図 2 のように反射した場合には，上下で隣り合う格子面（原子列面）で反射する X 線どうしの間に生まれる光路差が $2d \sin\theta_A$ になるのでした。これが次式で表されるブラッグの条件を満たせば，反射 X 線は強め合います。

$$2d \sin\theta_A = n\lambda \quad (n = 1, 2, 3, \cdots\cdots)$$

X 線発生装置の加速電圧 $V$ が小さいうちは，発生する X 線の波長 $\lambda$ $\left(= \dfrac{hc}{eV}\right)$ が大きくなり，ブラッグの条件を満たす正の整数 $n$ が存在しません（$n$ を最小の 1 にしても満たされないということです）。その状態から加速電圧 $V$ を徐々に大きくしていくと X 線の波長 $\lambda$ が小さくなっていき，やがて $n = 1$ のときにブラッグの条件が満たされるようになるのです。このとき，X 線の波長 $\lambda$ は次の(a)式の関係を満たしますが，これに $\lambda = \dfrac{hc}{eV}$ を代入して解くことで，電圧 $V$ が求められます。

$$2d \sin\theta_A = 1 \times \lambda \quad \cdots\cdots (a)$$

$$\rightarrow \quad 2d \sin\theta_A = \frac{hc}{eV} \quad \therefore \quad V = \boldsymbol{\frac{hc}{2ed \sin\theta_A}} \quad \cdots\cdots \text{（答）}$$

(3) 引き続き図 3 のように，この結晶 A から反射された X 線を間隔 $2d$ [m] で並んだ原子列面をもつ結晶 B に対して角度 $\theta_B$ [rad] で入射させ，同じ角度 $\theta_B$ [rad] で反射した X 線の強度を検出器により測定する。角度 $\theta_B$ [rad] を角度 $\theta_A$ [rad] と同じ値に取ると，反射 X 線の強め合いが見られたが，そこから角度 $\theta_B$ [rad] を 0 に向かって小さくしながら測定すると図 4 のように，反射 X 線の強め合いに

対応した3つの反射強度の極大がさらに現れた。低角度側から順に極大①，極大②，極大③とよぶことにする。極大③を与えた結晶Bからの反射波の波長は $\boxed{\quad (ウ) \quad} \times d$ [m] であり，そのときの角度 $\theta_B$ [rad] は $\sin\theta_B = \boxed{\quad (エ) \quad}$ の関係式を満足する。さらに(2)で固定した加速電圧をその半分まで減少させると極大①，極大②，極大③のうち消滅するのは $\boxed{\quad (オ) \quad}$ であり，消滅しなかった極大に対しては，角度 $\theta_B$ [rad] は $\sin\theta_B = \boxed{\quad (カ) \quad}$ の関係式を満足する。ただし図4の縦軸の反射X線強度については定量的には描かれていない。

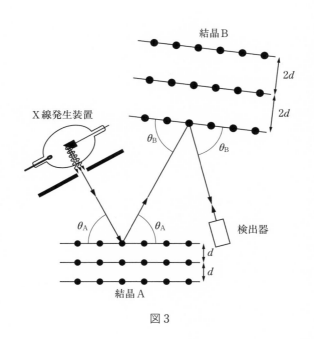

図3

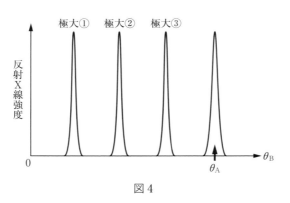

図4

（ウ），（エ），（カ）の解答群

00 $\dfrac{1}{4}\sin 2\theta_A$ 　　01 $\dfrac{1}{2}\sin 2\theta_A$ 　　02 $\dfrac{3}{4}\sin 2\theta_A$ 　　03 $\sin 2\theta_A$

04 $\dfrac{1}{4}\sin \theta_A$ 　　05 $\dfrac{1}{2}\sin \theta_A$ 　　06 $\dfrac{3}{4}\sin \theta_A$ 　　07 $\sin \theta_A$

08 $\dfrac{1}{4}\sin \left(\dfrac{\theta_A}{2}\right)$ 　09 $\dfrac{1}{2}\sin \left(\dfrac{\theta_A}{2}\right)$ 　10 $\dfrac{3}{4}\sin \left(\dfrac{\theta_A}{2}\right)$

11 $\sin \left(\dfrac{\theta_A}{2}\right)$

（オ）の解答群

0　極大①と極大②　　　1　極大②と極大③　　　2　極大③と極大①

(2)の設問文の最後に書かれているように，電圧を(2)で求めた値の 2.2 倍まで高めます。(2)で求めた電圧のときには，(a)式より，発生する X 線の最短波長は $2d\sin \theta_A\left(=\dfrac{hc}{eV}\right)$ です。これは電圧 $V$ に反比例して変化するため，2.2 倍の電圧のときの最短波長は $\dfrac{2d\sin \theta_A}{2.2}$ です。このとき，ブラッグの条件（$2d\sin \theta_A = n\lambda$）を満たす波長を考えてみましょう。

・$2d\sin \theta_A = 1\times\lambda$ の場合　⇒　$\lambda = 2d\sin \theta_A > \dfrac{2d\sin \theta_A}{2.2}$　（適）

・$2d \sin \theta_A = 2 \times \lambda$ の場合 $\Rightarrow$ $\lambda = d \sin \theta_A > \dfrac{2d \sin \theta_A}{2.2}$ （適）

・$2d \sin \theta_A = 3 \times \lambda$ の場合 $\Rightarrow$ $\lambda = \dfrac{2d \sin \theta_A}{3} < \dfrac{2d \sin \theta_A}{2.2}$ （**不適**）

以上より，$2d \sin \theta_A$ と $d \sin \theta_A$ の2つの波長だけが条件を満たします。つまり，結晶Bにはこの2つの波長のX線だけが照射されることになるわけです。このことを確認して，次は結晶Bで反射されるX線が強め合う条件を考えてみましょう。照射されるX線の波長を$\lambda$とすると，次式の関係が満たされれば反射X線は強め合います（ただし，$0 \leqq \theta_B \leqq \theta_A$）。

$$2 \times 2d \sin \theta_B = n\lambda \quad (n = 1, 2, 3, \cdots\cdots)$$

波長$\lambda$の値は2つしかないので，それぞれの場合について考えてみます。

・$\lambda = 2d \sin \theta_A$ の場合

$$2 \times 2d \sin \theta_B = n \times 2d \sin \theta_A \quad (0 \leqq \theta_B \leqq \theta_A)$$

上式（ブラッグの条件）を満たすのは，次の2つです❶。

(1) $n = 1$ $\Rightarrow$ $2 \times 2d \sin \theta_B = 1 \times 2d \sin \theta_A$ $\quad \therefore \sin \theta_B = \dfrac{\sin \theta_A}{2}$

(2) $n = 2$ $\Rightarrow$ $2 \times 2d \sin \theta_B = 2 \times 2d \sin \theta_A$ $\quad \therefore \sin \theta_B = \sin \theta_A$

・$\lambda = d \sin \theta_A$ の場合

$$2 \times 2d \sin \theta_B = n \times d \sin \theta_A$$

上式（ブラッグの条件）を満たすのは，次の4つです❷。

---

❶ $n = 3$ のとき，

$\quad 2 \times 2d \sin \theta_B = 3 \times 2d \sin \theta_A$ $\quad \therefore \sin \theta_B = \dfrac{3}{2} \sin \theta_A$

しかし，$\sin \theta_B \leqq \sin \theta_A$（$\because 0 \leqq \theta_B \leqq \theta_A$）なので，これは有り得ません。

❷ $n = 5$ のとき，

$\quad 2 \times 2d \sin \theta_B = 5 \times d \sin \theta_A$ $\quad \therefore \sin \theta_B = \dfrac{5}{4} \sin \theta_A$

しかし，$\sin \theta_B \leqq \sin \theta_A$（$\because 0 \leqq \theta_B \leqq \theta_A$）なので，これは有り得ません。

(1) $n=1$ $\Rightarrow$ $2 \times 2d \sin \theta_B = 1 \times d \sin \theta_A$ $\quad \therefore \sin \theta_B = \dfrac{1}{4} \sin \theta_A$

(2) $n=2$ $\Rightarrow$ $2 \times 2d \sin \theta_B = 2 \times d \sin \theta_A$ $\quad \therefore \sin \theta_B = \dfrac{1}{2} \sin \theta_A$

(3) $n=3$ $\Rightarrow$ $2 \times 2d \sin \theta_B = 3 \times d \sin \theta_A$ $\quad \therefore \sin \theta_B = \dfrac{3}{4} \sin \theta_A$

(4) $n=4$ $\Rightarrow$ $2 \times 2d \sin \theta_B = 4 \times d \sin \theta_A$ $\quad \therefore \sin \theta_B = \sin \theta_A$

結局, $\sin \theta_B = \dfrac{1}{4} \sin \theta_A$, $\dfrac{1}{2} \sin \theta_A$, $\dfrac{3}{4} \sin \theta_A$, $\sin \theta_A$ となるときに結晶 B で反射する X 線の強度が極大になることがわかります。最初の 3 つが極大①，②，③に対応するので，整理すると以下のようになります。

・**極大①**　$\sin \theta_B = \dfrac{1}{4} \sin \theta_A$ のとき，$\lambda = d \sin \theta_A$ の X 線だけが強め合う。

・**極大②**　$\sin \theta_B = \dfrac{1}{2} \sin \theta_A$ のとき，$\lambda = 2d \sin \theta_A$, $d \sin \theta_A$ の両方の X 線が強め合う。

・**極大③**　$\sin \theta_B = $ **（答）$\dfrac{3}{4} \sin \theta_A$** のとき，$\lambda = $ **（答）$d \sin \theta_A$** の X 線だけが強め合う。

　（$\sin \theta_B = \sin \theta_A$ のとき，$\lambda = 2d \sin \theta_A$, $d \sin \theta_A$ の両方の X 線が強め合う。）

そして，X 線発生装置の加速電圧 $V$ を $\dfrac{1}{2}$ 倍にすると，X 線の最短波長は 2 倍の $\dfrac{2d \sin \theta_A}{1.1}$ となるため，$\lambda = d \sin \theta_A \left( < \dfrac{2d \sin \theta_A}{1.1} \right)$ の X 線は発生しなくなってしまいます。すると，$\lambda = d \sin \theta_A$ の X 線だけが強め合っていた**（答）極大①と極大③**は消えてしまいます。そして，残るのは極大②であり，このときには $\sin \theta_B = $ **（答）$\dfrac{1}{2} \sin \theta_A$** の関係が成り立ちます。

　X 線発生装置の加速電圧を変えることで反射 X 線が現れたり消えたりするのは面白いですね。これは X 線が波動性をもつからこそ起こる現象であると理解できる問題でした。

## ●X線結晶構造解析の手法

　続いて，X線結晶構造解析の手法をテーマとした問題を解いてみましょう。2020（令和2）年度に香川大学の入試で出題されたものです。X線がどのように活用されているのか，よく理解できる内容です。

　　体心立方格子の基本構造（単位格子）を図1(a)に示す。この単位格子立方体の一辺の長さは格子定数 $a$ とよばれる。

(a)

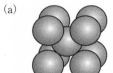  

一番近い原子どうしが接するように描いた体心立方格子のモデル

原子サイズを小さく描き，見やすくした体心立方格子の単位格子

体心立方格子の単位格子立方体と格子定数

(b)

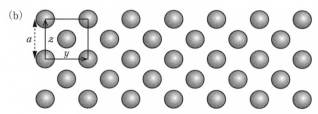

体心立方格子結晶を $x$ 軸方向から見たときの原子投影図

(c)

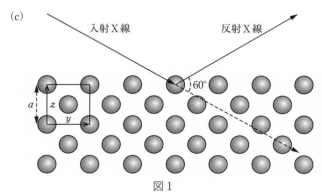

入射X線　　　反射X線

60°

図1

結晶はこの単位格子が $x$, $y$, $z$ の３次元に周期的に配列したもので
ある。$x$ 軸方向から見た結晶の原子配列投影図を図 1 (b)に示す。この
原子配列の金属結晶に対して $y$ 軸方向から波長が $1.7 \times 10^{-10}$ m の X
線を入射させた。引き続き X 線の入射方向を $yz$ 面（紙面）内で徐々
に傾けていくと，図 1 (c)に示すように入射 X 線の進行方向から $60°$
の方向へ強め合った反射 X 線が初めて観測された。

(1)　この条件で結晶面（格子面）の間隔 $d$ を与える式を求めなさい。
(2)　この体心立方格子をもつ金属の格子定数 $a$ を求めなさい。

　結晶構造の最小単位を「**単位格子**」といい，その一辺の長さを「**格子定
数**」といいます。単位格子を繰り返せばもとの結晶を再現できますし，格
子定数がわかれば結晶構造を把握することもできます。

　ここでは，物質が「**体心立方格子**」（単位格子の一種）からできている
結晶であることがわかっていて❶，X 線を利用してその格子定数を求める
方法を考えています。

　さて，体心立方格子を図の $x$ 軸方向から見ると，次図のように格子面
（結晶面）が並んでおり，反射 X 線どうしが干渉することになります。

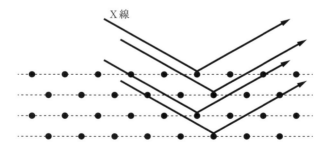

　このとき，上下で隣り合う格子面で反射する X 線の間に光路差が生ま
れます。体心立方格子では隣り合う格子面で原子の位置はずれています

---

❶体心立方格子からできている物質は，具体的には鉄，クロム，タングステンなどの金属で
す。

が，反射の仕方は変わらないので次図の場合と光路差は等しくなります。

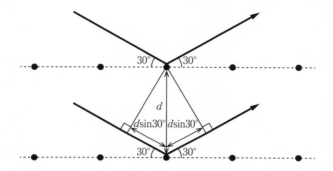

　よって，隣り合う格子面で反射する X 線の間には $2d \sin 30°$ の光路差が生じることになります。使用されている X 線の波長は $1.7 \times 10^{-10}$ m なので，光路差がこの値の整数倍となれば反射 X 線は強め合います。

　入射 X 線の進行方向を $y$ 軸方向から徐々に傾けていくと，光路差は大きくなっていきます。そして，光路差が X 線の波長 $1.7 \times 10^{-10}$ m のちょうど 1 倍になったときに初めて反射 X 線が強め合うことになるのですね。

　以上のことから，間隔 $d$ を含む関係式は次のようになることがわかります。

$$2d \sin 30° = 1.7 \times 10^{-10} \times 1 \quad \cdots\cdots （答）$$

　そして，この関係式から格子面の間隔 $d = 1.7 \times 10^{-10}$ m と求められます。さらに，次図から格子定数 $a$ は間隔 $d$ の 2 倍であることがわかるので，その値は次のように計算できます。

$$a = 1.7 \times 10^{-10} \times 2 = 3.4 \times 10^{-10} \text{ m} \quad \cdots\cdots （答）$$

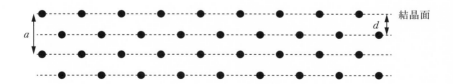

結晶面

体心立方格子の格子定数は非常に小さな値であることがわかりました。それだけ原子が密集して並んでいるということです。格子定数はこれほど小さな値であるため，それを求めるには同じくらい波長の短い X 線が必要となるのですね。

# X線の粒子性

## ● コンプトン効果

ラウエ斑点の発見により，正体不明だったX線には波動性があることが明らかになりました。

そんな中，X線に波動性とは異なる性質が見つかったのです。それは，もちろん粒子性です。光電効果の発見によって光の粒子と波動の二重性が明らかになったことを見ましたが（30ページ参照），X線にも同様の二重性があることがわかったのです。

1923年，アーサー・コンプトン（アメリカ，1892〜1962年）は次のような現象を発見しました。

物質にX線を照射すると，ほとんどのX線は物質を透過する❶が一部のX線は進行方向が変わる（散乱する）。散乱したX線の中には，入射したX線よりも波長がわずかに長くなったものが混ざっている。そして，散乱角（次図中の角 $\theta$）が大きいほど，散乱X線のピーク強度となる波長は大きくなる。

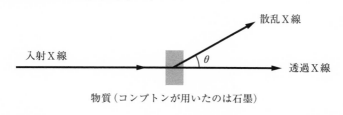

物質（コンプトンが用いたのは石墨）

---

❶光（可視光）は物質によって遮られますが，X線は波長が短く大きなエネルギーをもつので，物質を透過することができます。この性質から，X線はレントゲン写真（X線写真）撮影などに利用されています。

このような現象を「**コンプトン効果**」といいますが，これを古典物理学では説明できません。波動であるX線が散乱を起こしても，その波長は変わらないというのが古典物理学から導かれる結論だからです❶。

そこでコンプトンはこれを，X線が粒子性をもつために起こる現象なのだと考えました。**X線は光と同じ粒子（光子）の集まり**だというのですね。この仮説に基づきコンプトンは，「X線の散乱は，X線の粒子（光子）が物質中の電子に衝突することで起こる」と考えました。粒子であれば運動量とエネルギーが保存されることになるので，散乱X線の波長が長くなる理由も，散乱角が大きいX線ほど大きい波長でピークを迎える理由もうまく説明することができるようになるのです。

2020（令和2）年度に関西大学の入試で出題された問題では，コンプトンの思考を追体験できます。X線の粒子性を仮定することで，どのようにしてコンプトン効果を説明できるのか，さっそく問題を見ていきましょう。

---

次の文の （a） ～ （c） に入れるのに最も適当な式や数，語句を記入しなさい。また，（1） ～ （9） に入れるのに最も適当なものを文末の解答群から選びなさい。ただし，同じものを2回以上用いてもよい。また，以下では重力の影響は無視できるものとする。

物質にX線が入射すると，光の散乱のようにX線が弱く散乱される。散乱されたX線の中には入射X線の波長よりも長い波長をもつものが含まれ，散乱角度が大きくなるほど散乱X線の波長が長くなる。この現象は （a） 効果とよばれている。この現象はX線の波動

---

❶この後の問題では，X線が静止した電子へ衝突して波が変化する状況を考えます。その場合には，古典論によればX線の波長は変化しないはずです。ただし，実際の電子は物質中で動いており，静止した電子への衝突は単純化したモデルといえます。
　実際に物質にX線を照射すると，X線は運動する電子に衝突します。そして，そのときにはドップラー効果（古典論）により波長が変化することになります。ではコンプトンが発見したのは何なのかというと，ドップラー効果では説明がつかないX線の波長変化です。

性だけでは説明できず，光子とよばれる X 線の粒子が物質中の電子と衝突して電子を弾き飛ばし，光子の運動量とエネルギーが減少するためであると考えられる。プランク定数 $h$，真空中の光速 $c$ を用いて，波長 $\lambda$ の X 線の光子がもつ運動量の大きさは $\dfrac{h}{\lambda}$，光子エネルギーは $\dfrac{hc}{\lambda}$ と表される。

　ここで説明されている現象は，もちろん　(答) **コンプトン効果**です。物質中の電子を弾き飛ばして散乱した X 線の波長がどうして変化するのか，問題を解くことで明らかになります。ポイントはやはり，X 線を粒子（光子）と考えることです。X 線の光子はそれぞれ問題文中で示された大きさのエネルギーと運動量をもちますが，電子との衝突においてそれらの和が保存されるとするのです。

　図 1 のように真空中の $xy$ 平面において波長 $\lambda$ をもつ入射 X 線の光子が $x$ 軸に沿って正の向きに進み，原点 O で静止している質量 $m$ の電子に衝突したとき，X 線の入射方向に対して角度の大きさ $\theta$ の方向に波長 $\lambda'$ の X 線が散乱され，角度の大きさ $\phi$ の方向に速さ $v$ で電子がはね飛ばされたとする。ただし，これらの現象は $xy$ 平面内においてのみ起こるものとする。

第
3
章

X
線
の
探
究

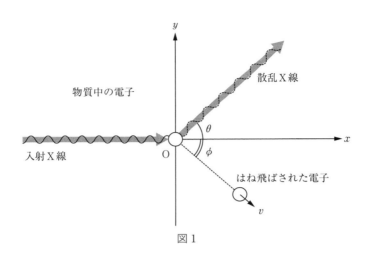

図 1

　衝突前の入射 X 線の光子は，光が進む向きに大きさ $\dfrac{h}{\lambda}$ の運動量を

もつので，衝突の前後における運動量保存の法則より，次の2つの式

が成り立つ。

$x$ 軸方向　　$\dfrac{h}{\lambda} = \dfrac{h}{\lambda'} \times \boxed{\text{(1)}} + mv \times \boxed{\text{(2)}}$　……①

$y$ 軸方向　　$0 = \dfrac{h}{\lambda'} \times \boxed{\text{(3)}} - mv \times \boxed{\text{(4)}}$　……②

　また，衝突前の入射 X 線は $\dfrac{hc}{\lambda}$ の光子エネルギーをもつので，衝

突の前後におけるエネルギー保存の法則より，次の式が成り立つ。

$\dfrac{hc}{\lambda} = \boxed{\text{(5)}} + \dfrac{1}{2}mv^2$　……③

　式①と②より，

$(mv)^2 = h^2 \times \left( \dfrac{1}{\lambda^2} + \dfrac{1}{\lambda'^2} - \boxed{\text{(b)}} \right)$　……④

が得られ，また，式③より，

$(mv)^2 = 2mhc \times \boxed{\text{(c)}}$　……⑤

となる。よって，式④と⑤より $(mv)^2$ を消去すると，次の式が得られ

る。

$$\lambda'-\lambda = \boxed{(6)} \times \left\{ \frac{1}{2}\left(\frac{\lambda'}{\lambda}+\frac{\lambda}{\lambda'}-\cos\theta\right)\right\} \quad \cdots\cdots ⑥$$

はね飛ばされた電子の速さ $v$ が $v \ll c$ の条件を満たすとき，衝突による X 線の波長の変化量は十分小さいので，$\lambda \fallingdotseq \lambda'$ より $\frac{1}{2}\left(\frac{\lambda'}{\lambda}+\frac{\lambda}{\lambda'}\right)=1$ とみなしてよい。したがって，式⑥は，

$$\lambda'-\lambda = \boxed{(6)} \times (1-\cos\theta) \quad \cdots\cdots ⑦$$

と表すことができる。

この式⑦を用いて散乱 X 線の波長 $\lambda'$ を計算する。光子や電子のエネルギーの単位として電子ボトル（eV）がよく用いられる。1 eV は，電子 1 個が電位差 1 V によって加速された際に得る運動エネルギーに等しい。電気素量 $1.6 \times 10^{-19}$ C，$m=9.1 \times 10^{-31}$ kg，$h=6.6 \times 10^{-34}$ J·s，$c=3.0 \times 10^{8}$ m/s の値を用いると，30 keV の光子エネルギーは $\boxed{(7)} \times 10^{-15}$ J であり，このエネルギーをもつ入射 X 線の波長は $\lambda = \boxed{(8)} \times 10^{-11}$ m である。このとき角度 $\theta=60°$ の方向に散乱される X 線の波長は $\lambda' = \boxed{(9)} \times 10^{-11}$ m となる。

〔解答群〕

（ア）$\sin\theta$　（イ）$\cos\theta$　（ウ）$\sin\phi$　（エ）$\cos\phi$

（オ）$\dfrac{mc}{\lambda}$　（カ）$\dfrac{hc}{\lambda}$　（キ）$\dfrac{h\lambda}{c}$　（ク）$\dfrac{m\lambda}{c}$

（ケ）$\dfrac{mc}{\lambda'}$　（コ）$\dfrac{hc}{\lambda'}$　（サ）$\dfrac{h\lambda'}{c}$　（シ）$\dfrac{m\lambda'}{c}$

（ス）$\dfrac{mc}{h}$　（セ）$\dfrac{hc}{m}$　（ソ）$\dfrac{hm}{c}$　（タ）$\dfrac{m^2}{c}$

（チ）$\dfrac{h}{mc}$　（ツ）$\dfrac{m}{hc}$　（テ）$mhc$　（ト）$mc^2$

（ナ）3.7　（ニ）3.8　（ヌ）4.1　（ネ）4.2

（ノ）4.4　（ハ）4.6　（ヒ）4.8　（フ）5.0

まずは，運動量保存の法則を式に表します。

運動量は大きさと向きをもつベクトルですから，$x$ 成分と $y$ 成分に分けて考える必要があります。衝突前に運動量をもっているのは入射 X 線の光子です。その波長が $\lambda$ なので運動量の大きさは $\dfrac{h}{\lambda}$ ですが，その向きは $x$ 軸方向です。よって，運動量の $x$ 成分は $\dfrac{h}{\lambda}$，$y$ 成分は 0（ゼロ）であるとわかります。そして衝突後には，散乱 X 線の光子とはね飛ばされた電子がそれぞれ運動量をもっています。運動量の大きさはそれぞれ $\dfrac{h}{\lambda'}$，$mv$ ですが，$x$ 成分と $y$ 成分に分けると次表のようになります。

| 粒　子 | 運動量の $x$ 成分 | 運動量の $y$ 成分 |
|---|---|---|
| 散乱 X 線の光子 | $\dfrac{h}{\lambda'}\cos\theta$ | $\dfrac{h}{\lambda'}\sin\theta$ |
| はね飛ばされた電子 | $mv\cos\phi$ | $-mv\sin\phi$ |

以上のことから，各軸方向の運動量保存の法則は次式のように書けます。

$x$ 軸方向　$\dfrac{h}{\lambda}=\dfrac{h}{\lambda'}\cos\theta+mv\cos\phi$　……①（答）

$y$ 軸方向　$0=\dfrac{h}{\lambda'}\sin\theta-mv\sin\phi$　……②（答）

続いて，エネルギーの保存について考えてみましょう。

衝突前，入射 X 線の光子は $\dfrac{hc}{\lambda}$ のエネルギーをもっています（ここで，エネルギーは運動量と違ってベクトルではないので，$x$ 成分と $y$ 成分に分ける必要ありません）。衝突後には，散乱 X 線の光子が大きさ $\dfrac{hc}{\lambda'}$ のエネルギーを，はね飛ばされた電子が大きさ $\dfrac{1}{2}mv^2$ のエネルギーをそれぞれもっています。以上のことから，エネルギー保存の法則は次式のように書けます。

$$\frac{hc}{\lambda} = \boldsymbol{\frac{hc}{\lambda'}} + \frac{1}{2}mv^2 \quad \cdots\cdots \text{③ (答)}$$

これで準備は整いました。このようにして求めた式①〜③を用いることで，散乱 X 線の波長が長くなることと，その変化が散乱角 $\theta$ によってどのように変わるのかが求められるのです。

まず，式①と②はそれぞれ次のように変形できます。

$$mv \cos \phi = \frac{h}{\lambda} - \frac{h}{\lambda'} \cos \theta, \quad mv \sin \phi = \frac{h}{\lambda'} \sin \theta$$

それぞれ両辺を 2 乗してから辺々の和をとり整理すると，次のようになります。

$$(mv)^2 (\sin^2 \phi + \cos^2 \phi) = h^2 \left\{ \left( \frac{1}{\lambda} - \frac{\cos \theta}{\lambda'} \right)^2 + \left( \frac{\sin \theta}{\lambda'} \right)^2 \right\}$$

$$\rightarrow \quad (mv)^2 = h^2 \left\{ \frac{1}{\lambda^2} - \frac{2 \cos \theta}{\lambda \lambda'} + \frac{\cos^2 \theta}{\lambda'^2} + \frac{\sin^2 \theta}{\lambda'^2} \right\}$$

$$\rightarrow \quad (mv)^2 = h^2 \left\{ \frac{1}{\lambda^2} + \frac{1}{\lambda'^2} - \boldsymbol{\frac{2 \cos \theta}{\lambda \lambda'}} \right\} \quad \cdots\cdots \text{④ (答)}$$

次に，式③から $(mv)^2$ を求めます。式③を変形してから両辺に $2m$ をかけると，次のようになります。

$$\frac{1}{2}mv^2 = hc \left( \frac{1}{\lambda} - \frac{1}{\lambda'} \right) \quad \leftarrow \text{両辺に } 2m \text{ を乗じる}$$

$$\rightarrow \quad (mv)^2 = 2mhc \left( \frac{1}{\lambda} - \frac{1}{\lambda'} \right) \quad \cdots\cdots \text{⑤ (答)}$$

さて，式⑤＝式④＝$(mv)^2$ なので，

$$2mhc \left( \frac{1}{\lambda} - \frac{1}{\lambda'} \right) = h^2 \left( \frac{1}{\lambda^2} + \frac{1}{\lambda'^2} - \frac{2 \cos \theta}{\lambda \lambda'} \right)$$

両辺に $\frac{\lambda \lambda'}{2mhc}$ をかけると，次のようになります。

$$\lambda' - \lambda = \boldsymbol{\frac{h}{mc}} \left\{ \frac{1}{2} \left( \frac{\lambda'}{\lambda} + \frac{\lambda}{\lambda'} \right) - \cos \theta \right\} \quad \cdots\cdots \text{⑥ (答)}$$

**これは，X 線の波長の変化量を表しています。**X 線光子と電子の衝突を考えることで，このように X 線の波長が変化することを求められるの

ですね。ここで，波長の変化量がもともとの X 線の波長に比べて非常に小さいことから $\lambda' \fallingdotseq \lambda$ とすると，X 線の波長変化は次のように近似できます。

$$\lambda' - \lambda \fallingdotseq \frac{h}{mc}(1 - \cos\theta) \quad \cdots\cdots ⑦ \text{（答）}$$

それでは，この式が表すことを確認しましょう。

まず，$\theta$ がどのように変わっても $1 - \cos\theta \geqq 0$ なので，**X 線線の波長が変化する場合は必ず長くなる（短くなることはない）** とわかります。また，$1 - \cos\theta = 0$ が成り立つのは $\theta = 0°$ のときなので，X 線が散乱しない場合には波長が変化しないこともわかります。そして，$\theta$ が大きくなるほど波長の変化量が大きくなることもわかります。コンプトン効果には，「散乱角が大きくなるほど波長の変化量が大きくなる」という特徴がありましたよね。つまり，X 線を粒子と考えることで，その理由も解明できたということです。

それでは，最後に具体的な波長の変化量を求めてみましょう。この問題では，入射 X 線光子のエネルギーは 30 keV に設定されいます。$1 \, \text{eV} = 1.6 \times 10^{-19} \, \text{C} \times 1 \, \text{V} = 1.6 \times 10^{-19} \, \text{J}$ の関係があるので（44 ページ参照），30 keV は次のように換算できます。

$$30 \, \text{keV} = 1.6 \times 10^{-19} \times (30 \times 10^3) = \mathbf{4.8 \times 10^{-15}} \, \text{J} \quad \cdots\cdots \text{（答）}$$

ここで，入射 X 線光子のエネルギーは $\frac{hc}{\lambda}$ と表せたことから，$\frac{hc}{\lambda} = 4.8 \times 10^{-15} \, \text{J}$ です。ここへ問題文で与えられたプランク定数 $h$ と光速 $c$ の値を代入して計算すると，次のように入射 X 線の波長 $\lambda$ の値が求められます。

$$\lambda = \frac{6.6 \times 10^{-34} \times 3.0 \times 10^8}{4.8 \times 10^{-15}} \fallingdotseq \mathbf{4.1 \times 10^{-11}} \, \text{m} \quad \cdots\cdots \text{（答）}$$

そして⑦式より，散乱による X 線の波長の変化 $\lambda' - \lambda = \frac{h}{mc}(1 - \cos\theta)$ で

すので，問題文で与えられた電子の質量 $m$，プランク定数 $h$，光速 $c$ の値および $\theta = 60°$ を代入して計算すると，X 線の波長の変化量が求められます。

$$\lambda' - \lambda = \frac{6.6 \times 10^{-34}}{9.1 \times 10^{-31} \times 3.0 \times 10^8}(1 - \cos 60°) \fallingdotseq 0.1 \times 10^{-11}\,\mathrm{m}$$

このように，X 線の波長の変化はもともとの波長に比べて小さな値であることがわかりますね。そして，散乱した X 線の波長は次のようになります。

$$\lambda' = \lambda + (\lambda' - \lambda) \fallingdotseq 4.1 \times 10^{-11} + 0.1 \times 10^{-11} = \mathbf{4.2 \times 10^{-11}}\,\mathrm{m} \quad \cdots\cdots\text{（答）}$$

コンプトンが発見した X 線の波長変化は，このような非常に小さなものでした。そのことに気づき，それを X 線の粒子性から説明することに成功したすごさを感じられる問題でした。

# 第4章

# 物質の波動性

*4.1*　電子波とその利用

# 電子波とその利用

## ● ド・ブロイの物質波

前章まで見てきたのは，波動性をもつ光（やX線）が粒子性を併せもつことが発見された歴史です。光は，なんとも不思議な二重性をもつ特別な存在と考えられるようになったのです。

このような中で，「これとは逆のことも言えるのではないか？」と考えた人がいました。名門貴族であったルイ・ド・ブロイ（フランス，1892〜1987年）です。ド・ブロイは，**「波動性をもつ光が粒子性を併せもつのなら，粒子もまた波動性を併せもつのではないか？」**と考えました。この粒子の波動は後年，**「物質波」❶**と名づけられました。そしてド・ブロイは，光（光子）の運動量 $p$ を表す式から物質波の波長 $\lambda$ が求められるとしたのです。

$$p=\frac{h}{\lambda} \qquad \therefore \ \lambda=\frac{h}{p} \quad (h：プランク定数)$$

ド・ブロイがこのような仮説を提唱したのは，1924年のことでした。当然，当時の科学者たちには「粒子が波動だなんて，何をいっているんだ？」と思われました。しかし，この仮説が正しいことがすぐに証明されることになるのです。

1927年，クリントン・デイヴィソン（アメリカ，1881〜1958年）とレスター・ガーマー（アメリカ，1896〜1971年）は，電圧を加えて加速した電子線（エネルギーをもった電子の流れ）をニッケル結晶の表面に照射し，反射される電子線の強度を測定する実験を行いました。このとき，加える電圧を変えることで電子の速さを変化させることができますが，電子

❶物質波を「ド・ブロイ波」，物質波の波長を「ド・ブロイ波長」ともいいます。

第1部　量子論

の速さを少しずつ変化させてみると，**電子の速さがある特定の値をとった**
**ときにだけ電子が強く反射される**ことを発見したのです。

　どうしてこのようなことが起こるのでしょう？　これは，電子を"粒
子"と捉えたのでは説明がつかない現象です。粒子である電子の速さが大
きかろうが小さかろうが，同じように反射するはずだからです。

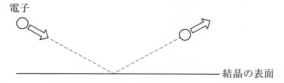

　そこで，電子を"波動"だと考えてみましょう。すると，ある実験を思
い出すのではないでしょうか？　そうです，X線の干渉実験です（65〜
66ページ参照）。

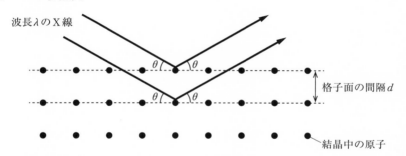

　波長λのX線が上図のような結晶に照射された場合，次式（ブラッグ
の条件）を満たす方向θにだけX線は強め合って反射されるのでしたね
（67ページ参照）。

$$2d \sin \theta = n\lambda \quad (n=1, 2, 3, \cdots\cdots) \quad \cdots\cdots \text{(a)}$$

　もしもこの実験を，照射方向θを固定しX線の波長λを変えながら行
えば，ブラッグの条件を満たす波長λのX線だけが強め合うことになり
ます。デイヴィソンとガーマーによる実験の結果は，まさにこれと同じよ
うに解釈できるのです。

　ここで，電子の質量を$m$，速さを$v$とすれば，電子の運動量の大きさ

$p=mv$ ですから，電子の波長$\lambda$は次式で表されることになります。

$$\lambda=\frac{h}{p}=\frac{h}{mv}$$

つまり，電子の速さ$v$が変わることで波長$\lambda$が変化するのですね。電子がこのような波動だとすれば，前ページの(a)式の関係を満たす波長$\lambda$の電子だけが強く反射されることになるのです。

デイヴィソンとガーマーの実験結果は，このように電子を波動だと考えればうまく説明ができます。つまり，電子という粒子が波動性をもつことを立証するものだったといえるのです。

ところで，電子に限らず，どのような粒子でも波動性をもつのなら，私たち人間にも波動性があるということになりますよね。しかし，そのようなことを認識することは普通できません。これは，私たちが認識できるレベルの物質では質量が大きいため，物質波の波長$\lambda$があまりにも短くなるためです。例えば体重（質量）66 kg の人が速さ 1.0 m/s（時速 3.6 km）で歩いているとすると，その波長$\lambda$は次のように計算できます（プランク定数 $h \fallingdotseq 6.6 \times 10^{-34}$ J·s）。

$$\lambda=\frac{6.6\times10^{-34}}{66\times1.0}=1.0\times10^{-35} \text{ m}$$

原子の大きさでさえ $10^{-10}$ m 程度ですから，日常感覚ではほとんどゼロ（ないに等しい長さ）です。このように，**実は私たちにも波動性がある**のですが，その波長があまりに短いため認識できないのです。しかし，これが電子（質量 $m \fallingdotseq 9.1 \times 10^{-31}$ kg）であれば，速さ 1.0 m/s のときの波長$\lambda$は次のように計算できます。

$$\lambda=\frac{6.6\times10^{-34}}{9.1\times10^{-31}\times1.0}\fallingdotseq0.73\times10^{-3} \text{ m}=0.73 \text{ mm}$$

これも小さな値ではありますが，デイヴィソンとガーマーの実験のように金属結晶を使って測定することは十分に可能なのです。

ド・ブロイは物質波の考えを博士論文にまとめて提唱しました。これを読んだソルボンヌ大学の教授陣はその内容を完全には理解できず，アイン

シュタインに意見を求めたそうです。するとアインシュタインは，「この青年は博士号よりノーベル賞を受けるに値する」と返答したという逸話が残っています[1]。

さて，物質波の発見はさまざまな不思議な現象の謎を解き明かしてくれます。例えば，「**トンネル効果**」です。これは，粒子が自身のエネルギーでは超えられないはずの高い壁を通過してしまう現象です。

(**例**)

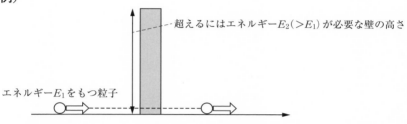

超えるにはエネルギー$E_2(>E_1)$が必要な壁の高さ

エネルギー$E_1$をもつ粒子

古典物理学によれば，エネルギーが足りない粒子が壁を超えることは決してあり得ないことになります。ところが，実際には粒子がこの壁を通過することが可能なのです。これは，粒子が波動として振る舞うと考える量子力学によらなければ説明がつかない現象です。

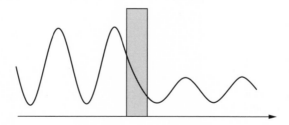

また，物質波の発見は当時すでに発見されていたニールス・ボーア（デンマーク，1885〜1962年）の水素原子モデルを根拠づけることにもなりました（この話は138ページ以降で解説します）。

---

[1] ド・ブロイの理論の正しさは1927年に実験によって証明され，1929年には実際にノーベル物理学賞を受賞しています。

さて，それではド・ブロイの物質波について理解を深められる入試問題を解いてみましょう。2020（令和2）年度に慶應義塾大学の入試で出題されたものです。

---

　以下の文章中の　(ア)　，　(ウ)　～　(エ)　に適切な式を記入しなさい。　(イ)　には指数を書きなさい。

　古典的な波の概念を量子の世界へ応用することを考える。

(1)　電子は粒子としての性質と波動としての性質を併せもつ。波動として振る舞うときの波を電子波とよび，その波長（ド・ブロイ波長）$\lambda$ は，プランク定数 $h$，電子の運動量の大きさ $p$ を用いて $\lambda = \dfrac{h}{p}$ と表される。最初，静止していた電子を電圧 $V$ で加速させたとき，電子の質量を $M$，電気素量を $e$ とすると，$\lambda =$ 　(ア)　 となる。$\lambda$ の値を計算してみよう。物理定数に以下の近似値を用いると，加速電圧 $V = 10\,\mathrm{kV}$ では，$\lambda = 1.2 \times 10^{(イ)}\,\mathrm{m}$（メートル）となる。

　　　電気素量：$e = 1.6 \times 10^{-19}\,\mathrm{C}$，電子の質量：$M = 9.1 \times 10^{-31}\,\mathrm{kg}$，
　　　プランク定数：$h = 6.6 \times 10^{-34}\,\mathrm{J \cdot s}$

---

　まずは，波動として振る舞う電子（**電子波**）の性質について考える問題です。問題文にもあるように，電子波の波長 $\lambda$ は次式で表せるのでした。

　　$\lambda = \dfrac{h}{p}$　（$h$：プランク定数，$p$：電子の運動量）

　電圧によって電子を加速すると運動量 $p$ が変化し，波長 $\lambda$ も変化します。その変化を具体的に求めるのがこの設問です。絶対値 $e$ の電荷をもつ電子に大きさ $V$ の電圧を加えると，電子は $eV$ の仕事をされます。よって，電子の運動エネルギーがこれだけ増加することになります。その関係は，加速後の電子の速さを $v$ として次式で表すことができ，これを解いて

$v$ が求められます。

$$\frac{1}{2}Mv^2-0=eV \qquad \therefore \quad v=\sqrt{\frac{2eV}{M}}$$

この $v$ を用いれば，加速後の電子波の波長 $\lambda$ が次のように求められます。

$$\lambda=\frac{h}{Mv}=\frac{h}{M\sqrt{\frac{2eV}{M}}}=\boldsymbol{\frac{h}{\sqrt{2MeV}}} \quad \cdots\cdots （答）$$

この式に与えられた各数値を代入すると，具体的な $\lambda$ の値が次のように計算できます。

$$\lambda=\frac{6.6\times10^{-34}}{\sqrt{2\times9.1\times10^{-31}\times1.6\times10^{-19}\times10\times10^3}}$$

$$\fallingdotseq 1.2\times10^{-11}\,\mathrm{m} \quad \cdots\cdots （答）$$

この値は，電子の速さが $1.0\,\mathrm{m/s}$ の場合の波長 $0.73\,\mathrm{mm}$（$0.73\times10^{-3}$ m）と比べるとずいぶんと小さなものです。これは，$10\,\mathrm{kV}$（$10000\,\mathrm{V}$）という高電圧で加速することで電子を高速にしているためです。電子の速さが大きくなるほど，電子波の波長は短くなるのでしたね（94 ページ参照）。

---

(2)　図 1 (a)のように，電子線を結晶内部に入射させる。規則正しく配列した原子の作る面（結晶面）の面間距離を $d$，入射する電子線と結晶面のなす角度を $\theta$ とする。反射の法則を満たす方向で観測すると，散乱された電子線が干渉して強め合うのは，隣り合う 2 つの結晶面で反射された電子線が同位相になる場合である。その条件は，結晶内部での電子のド・ブロイ波長を $\lambda$ とすると $\boxed{\text{(ウ)}}=n\lambda$（$n=1, 2, 3, \cdots\cdots$）と表される。

電子の加速電圧が低くなると，電子線は結晶に深く侵入せず，表面の原子によって散乱される効果が大きくなる。図 1 (b)のように，原子が規則正しく配列した表面に，電子線を入射させた場合を考えよ

う。図 1 (b)の紙面内で電子線が入射，散乱されると仮定する。表面内の原子間距離を $a$，入射する電子線と表面のなす角を $\phi_1$，表面で散乱された電子線が表面となす角を $\phi_2$ とする。干渉して強め合うのは，隣り合う原子によって散乱された電子線が同位相になる場合である。その条件は，電子のド・ブロイ波長を $\lambda$ をとると $\boxed{(\text{エ})}=n\lambda$（$n=\pm1, \pm2, \pm3, \cdots\cdots$）となる。

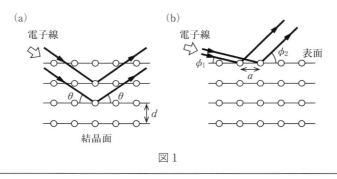

(a)　(b)

電子線　電子線　表面

$\theta$　$\theta$　$\phi_1$　$a$　$\phi_2$

$d$

結晶面

図 1

図 1 (a)は 93 ページで説明したのと全く同じ状況ですから，$\sin\theta$ の値が次式を満たす方向 $\theta$ に反射された電子線が強め合うことがわかります。

$2d\sin\theta = n\lambda$　（$n=1, 2, 3, \cdots\cdots$）　……（**答**）

図 1 (b)のように電子が散乱する場合も，同様に干渉する 2 つの電子線の経路差がわかれば強め合う条件が求められます。

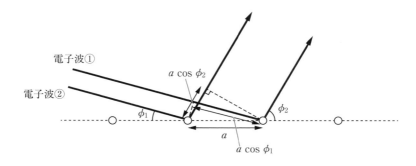

電子波①

電子波②

$a\cos\phi_2$

$\phi_1$　$\phi_2$

$a$

$a\cos\phi_1$

上図から，電子波①の経路は電子波②の経路よりも $a\cos\phi_1-a\cos\phi_2$ だけ長い（$a\cos\phi_1-a\cos\phi_2<0$ の場合は，「$a\cos\phi_2-a\cos\phi_1$ だけ短い」となります）ことがわかるので，2 つの電子波が強め合う条件は（$a\cos\phi_1-a\cos\phi_2<0$ の場合も含めて記すと）次のようになります。

$$a\cos\phi_1-a\cos\phi_2=n\lambda \quad (n=0, \pm1, \pm2, \pm3, \cdots\cdots) \quad \cdots\cdots \textbf{（答）}$$

　以上の考察から，**電子線を利用することで X 線と同様に結晶構造解析を行える**ことがわかります。このとき，加速に利用する電圧を高くするほど電子を高速にでき，波長を短くできます。ミクロの世界を調べるのに，電子の物質波としての性質を活用できるのですね。

## ● 電子顕微鏡の仕組み

　さらに，電子は「**電子顕微鏡**」という形で原子程度の大きさ（小ささ）のものを観察するのにも貢献しています。原子の種類にもよりますが，およそ 1Å（オングストローム）＝$10^{-10}$ m ほどのサイズです。これほど小さいものを可視光で捉えることは，光学顕微鏡等どのような道具を使っても原理的に不可能です。それは，可視光の波長は $3.8\times10^{-7}\sim7.7\times10^{-7}$ m 程度の範囲であり，原子のサイズよりもはるかに大きな値だからです。

　電子波を利用してミクロな世界を観察する電子顕微鏡について考えてみましょう。2020（令和 2）年度の滋賀医科大学の入試では，電子顕微鏡をテーマとした問題が出題されています。これを解くことで，電子顕微鏡の仕組みを見ていきましょう。

---

　以下の文中の ☐☐☐☐ に入る適当な式を，{ 　　 } に入る適当な語句を記入し，設問に答えよ。
　光学顕微鏡では，可視光を用いて物体を観察するため，可視光の波長と同程度の $10^{-7}$ m くらいの大きさの物体までしか観察できない。

そこで，原子サイズの物体を観察するためには，可視光ではなく電子波を利用した電子顕微鏡を用いる。以下の設問は，すべて真空中で考え，重力の効果は無視できるものとする。

(a) 電子顕微鏡に用いる電子の発生法にはいくつかあるが，真空容器内に置いた金属表面に仕事関数以上のエネルギーをもつ光を照射したときに，{ ① } 効果によって発生した電子を用いる場合もある。電子顕微鏡では，こうして発生させた電子を加速する装置（電子銃）により，電子波の波長を短くし，光学顕微鏡以上の解像度を得ている。

電子波の波長は次のように求められる。電子の速さを $v$，質量を $m$ とすると，電子の波長 $\lambda$ は，プランク定数 $h$ を用いて ② と表せる。運動エネルギーが $0$ の電子を真空中において電圧 $V$ で加速したとき，電子の電気量を $-e$（$e>0$）として，エネルギー保存則より，$v$ は，$e$，$m$，$V$ を用いて ③ と書ける。以上より，電子波の波長 $\lambda$ は，$e$，$m$，$V$，$h$ を用いて表される。

**問 1** 波長 $\lambda$ が，原子サイズの大きさの $\dfrac{1}{10}$ 以下（$10^{-11}$ m 以下）となるようにするには，加速する電圧を何 V 以上とする必要があるか。$m=9.1\times10^{-31}$ kg，$e=1.6\times10^{-19}$ C，$h=6.6\times10^{-34}$ J·s として，有効数字 2 桁の数値で答えよ。

光を照射された金属表面から電子が飛び出す現象は，**(答) 光電**効果でしたよね（35 ページ参照）。電子顕微鏡では，例えば光電効果によって生み出された電子に高電圧を加えて加速し，物質波として利用します。電子の物質波としての波長 $\lambda$ は，次のように表されるのでした。

$$\lambda=\frac{h}{mv} \quad \cdots\cdots\text{(b)}\ \textbf{(答)}$$

また，絶対値 $e$ の電荷をもつ電子に大きさ $V$ の電圧を加えると電子は $eV$ の仕事をされ，運動エネルギーが $eV$ だけ増加します。よって，加速

後の電子の速さ $v$ は次のように求められます。

$$\frac{1}{2}mv^2-0=eV \qquad \therefore \ v=\sqrt{\frac{2eV}{m}} \quad \cdots\cdots\text{(c)} \ \textbf{(答)}$$

さて，電子顕微鏡では電子波の波長を原子サイズにまで小さくします。問 1 は，どれほどの高電圧で電子を加速すれば実現するのかを具体的に求める内容です。電子波の波長 $\lambda$ は，式(b)へ式(c)を代入すると，

$$\lambda=\frac{h}{m\sqrt{\dfrac{2eV}{m}}}=\frac{h}{\sqrt{2meV}}$$

これが次式を満たせばよいことから，必要な電圧 $V$ の最小値が次のように求められます。

$$\frac{h}{\sqrt{2meV}}\leqq 10^{-10}\times\frac{1}{10}=10^{-11}$$

$$\therefore \ V\geqq\frac{h^2}{2me\times(10^{-11})^2}=\frac{(6.6\times10^{-34})^2}{2\times9.1\times10^{-31}\times1.6\times10^{-19}\times(10^{-11})^2}$$

$$\fallingdotseq \mathbf{1.5\times10^4\,V} \quad \cdots\cdots \ \textbf{(答)}$$

前出の問題では，10000 V ほどの電圧で電子波の波長を $1.2\times10^{-11}$ m にできると求められました（96～97 ページ参照）。この電圧を 1.5 倍（15000 V）にすると，電子波の波長はさらに短い $1.0\times10^{-11}$ m という値になるということですね。

---

　電子顕微鏡では，電界や磁界を使って電子線を収束あるいは発散できる電界レンズや磁界レンズが，光学顕微鏡での光学レンズの役割を果たす。以下では，磁界レンズ中の電子の軌道を考えることで，凸レンズ作用について考察しよう。

(b)　磁界レンズ中の電子の軌道を考える前に，まず一様な磁束密度 $B$ の磁場（磁界）中での電子の運動を考える。磁場の向きは $z$ 軸正方向である。図 1 に示すように，電子は $x$ 軸方向の速度成分 $v_x$ と，$z$ 軸方向の速度成分 $v_z$ からなる速度 $v=(v_x, 0, v_z)$ で磁場中に入射す

る（$v_x > 0$, $v_z > 0$）。電子は速度成分 $v_x$ をもつので，磁場から大き
さ ④ のローレンツ力を受ける。一方，速度成分 $v_z$ と磁場は平
行であるから電子は $z$ 軸方向への力を受けず，$v_z$ は変わらない。以
上から，磁束密度 $B$ の領域に入射した電子は，$z$ 軸方向から見れ
ば，半径 ⑤ の円運動をする。一方，$z$ 軸方向には等速度運動
をするから，電子はこの領域内でらせん運動をすることがわかる。

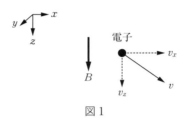

図1

次に，図2に示すように，$z$ 軸方向への厚さ $\Delta d$ の領域に，電子
が $z$ 軸正方向に速度 $v$ で入射するとき，領域を通過する電子の軌道
を考える。磁束密度 $B$ は領域内では一様であるが，$z$ 軸に平行では
なく $x$, $z$ 成分だけをもつとする。

**問2** このとき，電子はこの領域内でどのような運動をするか，理由
とともに述べよ。

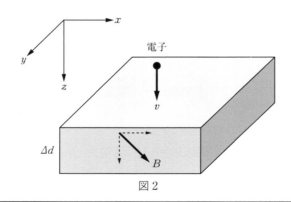

図2

ここからは，電子波を顕微鏡として利用するための方法を考えます。電子が磁場の中で運動すると，磁場から「**ローレンツ力**」という力を受けます。これをうまく利用することで，広がって進むいくつもの電子を一点に収束させることができるのです。電子顕微鏡では，このような方法で観察したい試料の像をつくり出しています。これは，広がって進む光を収束させる光学レンズと同じ仕組みです。

　さて，ローレンツ力を受けるのは，電子が磁場に垂直な速度成分をもつ場合です。もしも，右図のように電子が磁場に平行に運動する場合，電子がローレンツ力を受けることはありません。

電子

磁場

　このことから，図1の状況では磁場に垂直な速度成分 $v_x$ だけがローレンツ力に関係することがわかります。すなわち，電子が磁場から受けるローレンツ力の大きさは <u>**(答)** $ev_xB$</u> です。そして，その向きは磁場と速度 $v_x$ に直交します。

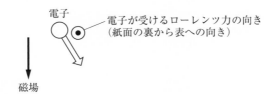

電子
電子が受けるローレンツ力の向き
（紙面の裏から表への向き）

磁場

　その結果，電子は磁場に垂直な方向に円運動をします。その様子は円軌道の半径を $r$ として次の運動方程式で表せ，これを解いて半径 $r$ が求められます。

$$m\frac{v_x{}^2}{r}=ev_xB \qquad \therefore \quad r=\frac{mv_x}{eB} \quad \cdots\cdots \text{(答)}$$

　これが $z$ 軸方向から見える円運動の半径 $r$ です。これと同時に，電子は $z$ 軸方向には等速度運動をします。これは，電子は $z$ 軸方向には力を受けないからです。結局，電子は円運動と等速度運動の組合せ，すなわち次図（左）のようならせん運動をすることになります。

磁場中での電子の運動を考えましたが，ポイントは**電子は磁場に巻きつくように運動する**ということです。このことがわかっていれば，問2も簡単に考えられます。先ほどとは磁場の向きも電子の速度の向きも変わっていますが，電子が**磁場に巻きつきながら進んでいくこと**に変わりはありません。その様子は次図（右）のように表すことができます。

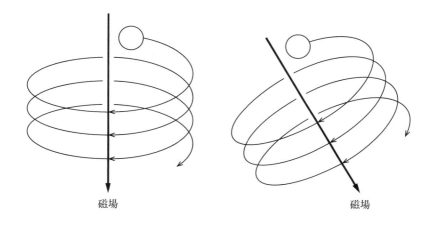

磁場　　　　　　　　　　　　　磁場

---

(c)　実際の磁界レンズ内での電子の軌道を考えよう。磁界レンズは，$z$ 軸を中心として円筒形で（図3(a)），磁力線は中心軸のまわりに対称であるとする。$xy$ 平面内で $z$ 軸から外へと向かう方向（動径方向）の距離 $r$ と，$x$ 軸とのなす角 $\theta$ は，座標 $(x, y, z)$ と，$(x, y, z)=(r\cos\theta, r\sin\theta, z)$ の関係にある。図3(b)のように，磁界レンズを $z$ 軸正方向，つまり，磁界レンズから電子が出る方向から見たとき，電子の速度 $v$ は，レンズの動径方向の成分を $v_r$，動径方向に垂直な成分を $v_\theta$，$z$ 軸方向の成分を $v_z$ として，$v=(v_r, v_\theta, v_z)$ と表せる。図3(b)には，紙面に垂直な $v_z$ 以外の動径方向成分 $v_r$ と，それに垂直な方向で $\theta$ が増加する方向を正としたときの成分 $v_\theta$ を示している。磁界レンズ内の磁束密度 $B$ も，同じように $B=(B_r, B_\theta, B_z)$ と書ける。

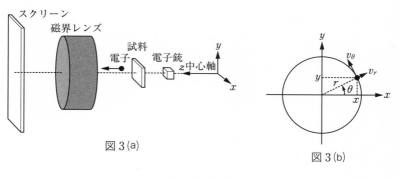

図3(a)

図3(b)

(a)　　　　　　電子の軌道の模式図

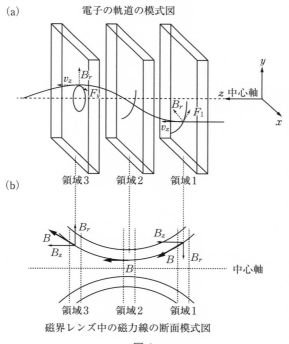

(b)

磁界レンズ中の磁力線の断面模式図

図4

　ここでさらなる簡略化のため，磁界レンズ中の磁場が，図4(a)に示すように，電子が通過する順に，領域1，領域2，領域3に代表される磁界レンズのモデルを考える。各領域の厚さは $\Delta d$ であり，領域内では磁場は一様である。$r$ 方向と $z$ 方向に注目した場合，領

域 1, 領域 2, 領域 3 では図 4 (b)のように $B$ の向きが変化している。領域 1 に入射した電子は, $z$ 軸正方向にのみ速度成分 $v_z$ をもつので, 図 2 と同様に, 磁界レンズの動径方向の磁束密度成分 $B_r$ と $v_z$ との相互作用により, $\theta$ の増加する方向への力 $F_1$ が生じる。このため, 電子が領域 2 に到達するときには速度成分 $v_\theta$ が生じている。

**問 3** 領域 2 で $B=(B_r, 0, B_z)$ となっており, $B_r$ が無視できるほど小さい場合, 領域 1 で $v_\theta$ が生じたことを考慮して, 電子にはたらくローレンツ力の大きさと向きを述べよ。

磁界レンズは, 光学顕微鏡での光学レンズと同じ役割をするとされています。光学レンズには, 光を一点に収束させる働きがあります。磁界レンズも同じように, 電子を一点に収束させるのです。

磁界レンズ（の領域 1）に突入する電子の位置はバラバラです。これが最終的に中心軸へと収束していくのですが, まずは領域 1 で磁場に直交する速度成分 $v_\theta$ を得ます。このような電子が, 続いて領域 2 へ入ります。領域 2 の磁場の成分 $B_r$ が無視できるほど小さければ, 磁場の向きは $z$ 方向と考えることができます。よって, 電子の磁場に直交する速度成分は $v_\theta$ となり, そのため電子は <u>**（答）中心軸向きに大きさ $ev_\theta B$**</u> のローレンツ力を受けることになります。

このように領域ごとに磁場を調整することで, 電子を中心軸に近づけるようなローレンツ力を生み出せるというわけです。

さらに領域 3 付近では, $B_r$ は再び大きくなるが, 領域 1 とは動径方向への向きが逆となる。このため, 電子には $\theta$ が減少する方向への力 $F_3$ が生じる。このような運動により, 最終的には, 電子線は中心軸上に収束し焦点となる。これは光学凸レンズと同じレンズ作用といえる。電子銃と磁界レンズの間に試料を置けば, スクリーン上に試料の拡大像が得られる。

光学レンズの場合と同様に，試料と磁界レンズの中心との間の距離を $a$，磁界レンズの中心と像ができるスクリーンの間の距離を $b$，磁界レンズの焦点距離を $f$ とすれば，レンズの公式（写像公式）が成り立つ。

**問4**　試料を磁界レンズの前方の焦点に近づけた場合（$a \fallingdotseq f$）に，高倍率が達成できることを，レンズの倍率を $a$ と $f$ を用いて表すことで示せ。

　その後も磁場の向きを調整することで，電子に常に中心軸に近づく向きのローレンツ力を与えることができ，電子を中心軸上に収束させることができるのです。磁場のこの働きは，光を一点に集めるレンズの働きと同じものと理解できるわけです。よって，光とレンズによって拡大像が得られるのと同様に，電子波と磁場を利用して拡大像を得られるのです。両者の違いは光と電子波の波長にあり，波長がずっと短い電子波を使う電子顕微鏡の方がずっと小さなものを見られるということになります。

　電子顕微鏡の仕組みは光学レンズと同様だとわかりました。そして，つくられる像の倍率も光学レンズと同じように求められるのです。すなわち，レンズの公式から距離 $b$ が求められ，像の倍率も求められます。

$$\text{レンズの公式}\quad \frac{1}{a}+\frac{1}{b}=\frac{1}{f}\quad \therefore\ b=\frac{af}{a-f}$$

$$\text{像の倍率}\ \frac{b}{a}=\frac{f}{a-f}$$

　ここで，**（答）試料を焦点に近づければ距離 $a$ の値が焦点距離 $f$ に近づくことになり，上式の分母が 0（ゼロ）に近づいて（小さくなって）いきます。そのため倍率は大きくなる**のです。

　このような工夫をすることで，目に見えない小さな粒子の世界を可視化してくれるのが電子顕微鏡なのです。私たちがミクロな世界を知ることができるのは，電子の波動性を利用した技術によるものなのですね。

# 第5章

# 量子力学の基礎概念

## 5.1 不確定性原理

## ● 不確定性原理

　これまで見てきたように，どんな粒子にも波動性があることが明らかになりました。そして，このことが粒子の物理量に存在する曖昧さを説明することにつながります。1927 年にヴェルナー・ハイゼンベルク（ドイツ，1901～1976 年）によって提唱された「**不確定性原理**」が，そのことを端的に述べています。

　この原理は，「**粒子の位置と運動量を同時に確定させることはできない**」というものです。運動量は粒子の速度によって決まりますから，これを「粒子の位置と速度を同時に確定できない」と言い換えても同じことです。

　またまた，「そんなバカな…」と思える話が出てきましたね。粒子がどこをどのような速度で動いているのかは決まっているはずではないか，と思いますよね。ところが，そうではないというのです。もしも粒子の位置を確定したら，粒子がどのような速度で動いているのかは不明確になってしまうのです。逆に，粒子の速度を確定すれば，その位置は不明確になるのです。これが不確定性原理で述べられていることです。

　どうしてそのようなことになるのか，これはひとえに粒子の波動性によるものです。物質波の波長 λ が確定されたとき，その物質波は次のような**定常波**として表されることになります。ここで，粒子がこのような波として表されると言われても，「これが具体的に何を表しているんだろう？」と思いますよね。このことについては後ほど詳しく説明しますが，ここでは「波動の変位（振幅量）が大きい位置ほど，その位置に粒子が存在する確率が高い」と理解していただければと思います。

　波長 λ が確定した物質波は，どこまでも広がる定常波として表されます。「どこまでも広がる」ことは，「どこまで行っても粒子の存在確率が 0

第
1
部

量子論

（ゼロ）にならない」ことを示します。すなわち，粒子の位置が確定しないのです。

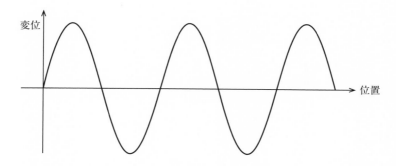

　ところで，物質波の波長は運動量によって決まるのですから，波長 $\lambda$ が確定されるというのは，次式のように運動量 $p$ が確定されることと同じです。

$$\lambda = \frac{h}{p} \quad (h：プランク定数)$$

　粒子が定常波として表されるのは，粒子の波長が確定したときであり，それは粒子の運動量が確定したときであるということです。そして，そのときには粒子の位置は定まらないのです。まとめると，粒子の「運動量を確定すると位置が確定しない」ということになります。

　それでは，逆に粒子の位置を確定させたらどうなるのでしょう？　そのときには，粒子を次のような波動として表せることになります。

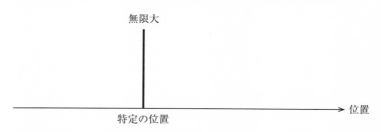

　すなわち，特定の位置での振幅が無限大になり（発散し），その他のすべての位置で変位（振幅量）が 0（ゼロ）となるのです。これではもはや

波動ではないようにも思えますが，実はこのような波形は波長の異なる無数の正弦波を重ね合わせることで作り出せるのです。

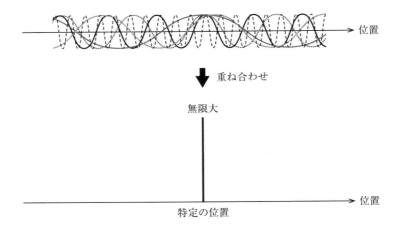

物質波の波長が無数の値をとる（波長が定まらない）とき，このような波形となるのです。波長が定まらないというのは，粒子の運動量が定まらないことを示します。そして，そのときには波形が一点に収束するわけですから，粒子の位置が確定することになるのです。まとめると，粒子の「運動量を確定させなければ位置が確定する」ということですが，逆に言えば粒子の「位置を確定すると運動量が確定しない」ということです。

　以上の説明ではイメージが湧きにくいと思いますが，ハイゼンベルクが不確定性原理の導入に利用した思考実験を聞くとイメージしやすくなるかもしれません。

---

　次図のように，光（光子）を当てて，反射する光子を通して運動する１つの電子を観測する。

　このとき，光子の波長 λ を短くするほど電子の位置をより正確に測定することができる。しかし，光子の波長 λ が短くなるほど光子の運動量 $p = \dfrac{h}{\lambda}$ が大きくなり，これが電子に衝突したときに電子の運

動量を大きく変化させてしまう。これでは，電子の運動量を正確に測定できない。

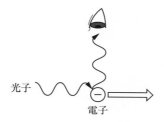

光子

電子

　逆の状況も含めてまとめると，次のようなことが言える。これは不確定性原理を表す。
「電子の位置を精度よく求めるほど，運動量を正確に測定できなくなる。」
「電子の運動量を精度よく求めるほど，位置を正確に測定できなくなる。」

　ただし，この考え方では，「実際には電子の位置と運動量は確定しているけれども，正確に観測できないだけ」となってしまいます。しかし，実際に不確定性原理が述べているのは，**「位置と運動量の間には本質的な（観測の有無に無関係な）不確定性が存在する」**ということなのです。ハイゼンベルクの思考実験はイメージしやすいですが，この点を誤解しないようにする必要があります。
　それでは，不確定性原理について考察する入試問題を見てみましょう。これは，2021（令和3）年度に慶應義塾大学で出題されたものです。

$z$ 軸に平行な向きの磁場（磁束密度 $\vec{B}=(0,0,B)$）のある真空中で，電荷 $q$，質量 $m$ の粒子が運動している（図 1）。粒子の位置は，時刻 $t=0$ において $(0,y_0,0)$，速度は $(v,0,0)$，ただし $y_0\geqq0$，$v>0$，である。なお，$z$ 軸は，紙面に垂直に裏から表の向きが正である。重力の影響は無視する。

図 2 に示すように，$x$ 軸方向について，領域 $0\leqq x\leqq d$ に磁束密度 $(0,0,B)$ の一様な磁場があり，領域 $x>0$ および $d<x$ に磁場は無い。粒子の磁場の領域を運動した後，$d<x$ の領域を等速直線運動して，$x$ 軸を $(x_F,0,0)$ で横切った。

粒子は速度 $(v,0,0)$ で $x<0$ の領域から さまざまな $y_0$ で磁場の領域に入射してくる。磁場の領域に入射する前に粒子の $y_0$ を個別に測定して磁束密度 $B$ をその都度瞬時に調整することで，すべての粒子が $(x_F,0,0)$ を通過するようにしたい。ただし，飛来する粒子はまばらで磁場の領域には同時に 1 つであり，磁束密度の時間変化に伴う電磁誘導などの効果は無視する。

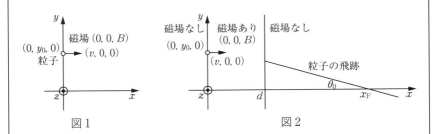

図 1

図 2

粒子の $y_0$ を測定して磁束密度 $B$ をその都度調整することで粒子が正確に $(x_F,0,0)$ を通過するようにすることが可能なように思えるが，実際にはミクロの世界に適用される物理法則により原理的に不可能である。この誤差は，粒子の質量が小さいほど顕著になる。原理的に不可能な理由を簡潔に説明せよ。

この問題で述べられていることが，まさに不確定性原理そのものです。すなわち，粒子の位置を確定させることは原理的に不可能だということです。ここで，「粒子の質量が小さいほど誤差は顕著になる」とあります。これはどうしてでしょう？

　不確定性原理では，粒子の運動量を精度よく求めるほど，位置が不明確になります。粒子の運動量の大きさは「質量×速さ」であり，質量が小さいほど運動量の値が小さくなるため精度よく求められるようになるのです。そのため，位置の誤差が顕著になる（位置がより不明確になる）わけです。

　**（答）粒子の質量が小さいほど運動量が精度よく定まり，そのとき不確定性原理により，位置の誤差が顕著になる。**

# 第 6 章

# 原子構造の探究

# 原子の構造

## ● 2 つの原子モデル

ド・ブロイによって粒子が物質波, すなわち波動として振る舞うことが発見されました。このことは, その後の物理学の発展に大きく貢献します。特に, 原子の構造を解明するのに大変役立ったのです。ここからは, 原子の構造を明らかにした量子論について見ていきたいと思います。

原子の構造自体は, 物質波が発見されるより以前から探究が進められていました。20 世紀の初頭には原子の存在を疑う人がほとんどいなくなっていました。そこで, 「では, 原子の中身はどうなっているんだろう？」というところに関心が向いていったのです。

人々が原子の存在を信じるようになった決定的なきっかけは, 1905 年にアルベルト・アインシュタイン（ドイツ, 1879～1955 年）が「**ブラウン運動**」を理論的に説明する論文を発表したことです。ブラウン運動そのものは, 1827 年にスコットランド（イギリス）の植物学者ロバート・ブラウン（1773～1858 年）によって発見された現象です。水に浸けた花粉を顕微鏡で観察すると, 壊れた花粉から出てきた微粒子がそれぞれ無秩序に動いているのが見えたのです。自ら動くことができない微粒子がこのようなブラウン運動をしていることは非常に不思議でしたが[1], アインシュタインは「熱運動する水分子の衝突によってブラウン運動が起こる」と説明したのです。

光学顕微鏡を使えば花粉から出てきた微粒子を観察することができますが, 水分子はそれよりずっと小さいため確認することができません。花粉

第1部 ── 量子論

---

[1] 水流や水の蒸発, 微粒子間にはたらく力などいろいろな原因を探しましたが, そのどれもが原因ではないことをブラウンは確かめました。

の周りには微粒子よりずっと小さい水分子が無数に存在していて，それらの水分子はじっとしていません。それぞれバラバラに動いていて，その無秩序な運動を「**熱運動**」といい，水の温度が上がるほど激しくなります。

　花粉の周りにある水分子は熱運動をし，花粉から出てきた微粒子に衝突します。水分子の熱運動は無秩序であるため，微粒子をそのときどきでバラバラな向きに押すことになります。その結果，花粉から出てきた微粒子がブラウン運動をすると理解できるのです。

　以上の考えの大前提は，水が目に見えない分子という小さな粒子から成り立っていることです。このように考えることでブラウン運動をうまく説明できたことから，目に見えない小さな粒子（原子や分子）の存在が受け入れられるようになったのでした。

　それでは，原子はどのような構造をしていると考えられたのでしょう？電子の比電荷を求めた J.J. トムソン（12 ページ参照）は，1904 年に次のような原子モデルを発表しました。

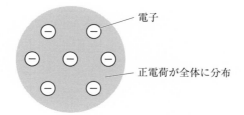

　原子には，負の電荷をもつ電子が含まれています。このことは，原子が放出する光の波長が磁場の影響によって変化する現象（**ゼーマン効果❷**）の研究から明らかになりました。

　原子は電気的に中性ですから，負電荷の電子をもつのなら正電荷ももつはずです。トムソンは，正電荷は原子全体に一様に分布していると考えたのです。このモデルは，パンの中にブドウ（葡萄）が点在するブドウパン

❷原子が磁場中に置かれると，放出される光のスペクトル線が分裂します。発見者のピーター・ゼーマン（オランダ，1865〜1943 年）にちなんで，この現象を「ゼーマン効果」といいます。なお，この功績によりゼーマンはノーベル物理学賞を受賞しています。

などに例えられることもあります。電子がブドウで，正電荷がパンという
わけですね。もしも実際の原子がブドウパンのような構造をしていたら，
電子は正電荷から受ける力によって原子中で振動することになります。そ
の場合の振動数をトムソンのモデルから求めると，原子から放出される光
の振動数とおよそ一致する値が得られました。このようなことが，トムソ
ンの原子モデルの根拠となったのです。

　一方でほぼ同じ時期に，トムソンとは異なる次のような原子モデルを長
岡半太郎（日本，1865〜1950年）が提唱していました。

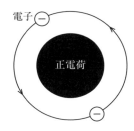

　正電荷は原子の中心にあり，その周りを電子が回っているという原子モ
デルです（電子が土星の周りの輪のようであることなどから，「土星モデ
ル」とよばれることもあります）。電子は正電荷から静電気的な引力を受
け，この力を向心力として円運動しているというわけです。これはちょう
ど，太陽から万有引力を受けて太陽の周りを公転する惑星の運動と同じよ
うに理解できます。静電気力（クーロン力）と万有引力の大きさはいずれ
も距離の2乗に反比例するという共通点があり，この原子モデルには説得
力がありました。

　果たして，どちらのモデルが正鵠を射ているのでしょう？　あるいは，
どちらも的外れかもしれません。これは目に見えない小さな世界のことで
すから，何らかの実験的証拠によらなければ真偽を判定することはできま
せん。その裁定を下したのが，1909年に行われたアーネスト・ラザ
フォード（イギリス，1871〜1937年）による実験だったのです。

## ● ラザフォードの実験

ラザフォードの研究室で実際に実験を行ったのは，ハンス・ガイガー[1]（ドイツ，1882～1945年）とアーネスト・マースデン（イギリス，1889～1970年）でした。彼らが行ったのは，薄い金箔（きんぱく）へ α 線（アルファ）という放射線[2]を照射する実験です。次図のような装置で α 粒子を金箔に放出すると，金箔で散乱された α 粒子が蛍光面に当たり，その場所が点状に光ります。これを顕微鏡で観察するのです。

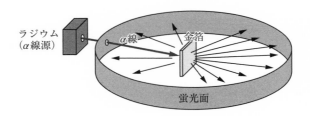

ラジウム（α線源）　α線　金箔　蛍光面

この頃には，すでに放射線が発見されていました。人類初の放射線の発見は，64ページで登場したレントゲンによるX線の発見です（1895年）。つまり，X線は放射線の一種です。これに続いて，1896年にアンリ・ベクレル（フランス，1852～1908年）は，ウラン鉱石が写真乾板を感光させることからウランに放射能（放射線を出す能力）があることを発見します。そして，1898年にキュリー夫妻[3]がウラン鉱石の中からウランよりも強く放射線を出すポロニウムとラジウムを発見しました。

ラザフォードの実験で使用されたのは，キュリー夫妻が発見したラジウムです。ラジウムが放出するのは α 線（α 粒子の流れ）という放射線です。α 粒子の正体はヘリウム原子核であり，次図のように2つの陽子と2

---

[1] ガイガーは放射線測定に使われるガイガー・カウンター（ガイガー＝ミュラー計数管）の開発者の1人でもあります。
[2] 放射線は，大きな運動エネルギーをもつ粒子や高エネルギーの電磁波の総称です。
[3] ピエール・キュリー（フランス，1859～1906年）とマリ・キュリー（フランス，1867～1934年）の夫妻です。

つの中性子から構成されています。

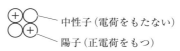

ヘリウム原子核
中性子（電荷をもたない）
陽子（正電荷をもつ）

　ちなみに，放射線には$\beta$線（$\beta$粒子の流れ）もあり，$\beta$粒子の正体は電子です。放射線にこの2種類があることを発見したのもラザフォードでした。

　さて，ラザフォードの実験からは非常に興味深い結果を得ることができました。それは，金箔に当てられた$\alpha$線のほとんどは直進する（金箔を通り抜ける）ものの，ごく一部の$\alpha$線は大きく散乱（大角度散乱）するというものでした。

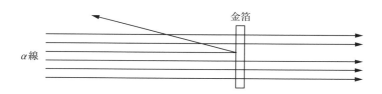

金箔

$\alpha$線

　どうして，このようなことが起こるのでしょう？　まずは，大角度散乱した$\alpha$線に着目して考えてみましょう。金箔はいくつもの金の原子が集まってできています。$\alpha$線が衝突した相手は，もちろん金原子です。そして，正電荷をもつ$\alpha$線を大きく散乱させるのは当然，正電荷でしょう。正電荷と正電荷の間には反発力がはたらくからです。

　トムソンの原子モデルによると，正電荷は原子全体に分布しているのでした。これですと，正電荷の密度が小さいため$\alpha$線を大角度散乱させるほど強力な反発力を生むことができないでしょう。つまり，トムソンのモデルではラザフォードの実験結果をうまく説明できないのです。

　一方，正電荷が原子の中心に集まっていると考えると，ラザフォードの実験結果がうまく説明できます。この場合は正電荷の密度が大きくなっているため，至近距離まで近づいた$\alpha$線には大きな反発力がはたらくので

す。このようにして，原子の中心に位置する正電荷へ近づいた $\alpha$ 線は大角度散乱されることになります。ただし，正電荷は原子の中心に集中しているため，原子のほとんどの部分には正電荷が存在しません。そのため，たまたま原子の中心めがけて進んだ $\alpha$ 線だけが大角度散乱され，中心から外れて進むほとんどの $\alpha$ 線は直進することになるのですね。

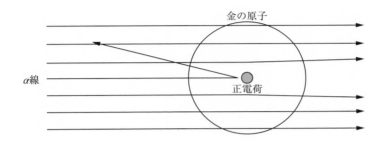

ラザフォードの実験によって，正電荷が原子の中心に集中し，電子はその周りを回っているという原子モデルが確立することになります。中心に集中する正電荷は「**原子核**」とよばれます（「核」は「中心」という意味です）。

それでは，原子核のサイズはどのくらいなのでしょう？　もちろん目には見えないので，実験を通して推測するしかありません。2020（令和2）年度に出題された秋田大学の入試問題では，原子核の大きさを推測する実験が登場しました。いったいどのような結果が得られたのか，確認していきましょう。

---

　次の文章中の空欄①，②は数式で，③は数値で埋めなさい。③を数値で解答する際には，次の値を必要に応じて用い有効数字2桁で答えなさい。
　真空中のクーロンの法則の比例定数 $k_0 = 9.0 \times 10^9 \, \mathrm{N \cdot m^2/C^2}$，電気素量 $e = 1.6 \times 10^{-19} \, \mathrm{C}$ とする。

　ラザフォードは，α線とよばれる高速のヘリウム原子核（α粒子）を薄い金箔に衝突させ，その進路を調べる実験を行った。大部分のα線は金箔を素通りするが，一部は進行方向を大きく曲げられるという結果から，原子の中心には正電荷が集中した極めて小さい核（原子核）が存在することを見出した。

　運動エネルギー $K$ をもつα粒子（電荷 $+2e$）が，静止した原子番号 $Z$ の原子核（電荷 $+Ze$）の中心に十分遠方から向かっていくとき，原子核の中心から $r$ の距離にあるα粒子の静電気力による位置エネルギー $U$ は，真空中のクーロンの法則の比例定数 $k_0$ および $Z$，$e$，$r$ を用いると，$U=$（　①　）と書ける。α粒子が原子核に最も近づいたとき，α粒子の運動エネルギー $K$ がすべて $U$ に変わる。したがって，この両者が最接近したときの距離 $R$ は，$k_0$，$Z$，$e$，$K$ を用いて，$R=$（　②　）となる。$Z=79$ の金原子の場合，$K=1.0\times10^{-12}$ J とすると，原子核の大きさは（　③　）[m] よりも小さい値であることが推定できる。

第1部　　量子論

　α粒子（α線）は2つの陽子をもちますが，1つの陽子の電荷は電子の電荷の絶対値 $e$ に等しいので，α粒子の電荷は $+2e$ です。また，原子の原子番号 $Z$ は原子核にある陽子の数を表すため，原子核の電荷は $+Ze$ となります。さて，2つの電荷の存在によって静電気力（クーロン力）による位置エネルギーというものが生まれます。2つの電荷 $q_1$ と $q_2$ が距離 $r$ だけ離れているとき，静電気力による位置エネルギーは，クーロンの法則の比例定数 $k_0$ を使って $k_0\dfrac{q_1 q_2}{r}$ という式で表せます。よって，この場合の静電気力による位置エネルギーは，次のように求められます。

$$U=k_0\frac{2e\cdot Ze}{r}=\frac{2Zk_0e^2}{r} \quad \cdots\cdots\textbf{（答）}$$

　続いて，α粒子が原子核に最も接近したときの距離を求めましょう。高速で突入したα粒子は，原子核に近づくにつれて反発力のために減速し

ます。このとき，α粒子の運動エネルギーが静電気力による位置エネルギーに変わっていると理解できます。α粒子と原子核の間の距離 $r$ が小さくなるほど，静電気力による位置エネルギー $U$ は大きくなることが先ほど求めた式からわかります。そして，α粒子が原子核に最接近するのはα粒子の速さが 0（ゼロ）となるときです。減速するα粒子はやがて速さが 0 となり，その後は原子核から受ける反発力によって逆向きに動いていくのです。

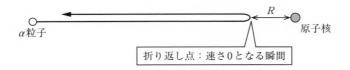

速さが 0（ゼロ）になる瞬間は，α粒子の運動エネルギーがすべて静電気力による位置エネルギーに変わった瞬間と理解できます。このことから次の関係が成り立ち，これを解いて $R$ が求められます。

$$K = \frac{2Zk_0e^2}{R} \qquad \therefore \quad R = \frac{2Zk_0e^2}{K} \quad \cdots\cdots \text{（答）}$$

さて，α粒子が原子核に最接近したときの距離 $R$ は何を示すのでしょう？　α粒子が原子核に最接近したとき，原子核に衝突はしていません。ということは，α粒子が距離 $R$ まで原子核に接近できることが，原子核の半径は $R$ よりも小さいことを示しているのです。つまり，α粒子の運動エネルギーがわかっていれば，この実験によって原子核の大きさの上限がわかるのです。

それでは，距離 $R$ を表す式へ具体的な数値を代入して，その値を求めてみましょう。

$$R = \frac{2 \times 79 \times 9.0 \times 10^9 \times (1.6 \times 10^{-19})^2}{1.0 \times 10^{-12}} \fallingdotseq 3.6 \times 10^{-14} \text{ m}$$

これは，原子核の半径の上限値です。原子核の直径の上限値はこの 2 倍（$2R$）になります。

**（答）$3.6 \times 10^{-14}$ m または $7.2 \times 10^{-14}$ m**

　この値がどれほど小さなものであるか，実感が湧くでしょうか？　原子の大きさは $10^{-10}$ m ほどでした。求められた原子核の半径の上限は，これよりもずっと小さな値です。

　実際に原子核の大きさは $10^{-15} \sim 10^{-14}$ m であることがわかっており，原子の $10^4$（10000）分の1以下です。原子の中で正電荷は，本当に狭い範囲に集中しているのですね。ラザフォードはこれを，「原子核は大聖堂の中のハエのようなものだ」と表現したそうです。

　なお，この問題では $\alpha$ 粒子の運動エネルギーが $1.0 \times 10^{-12}$ J と設定されています。$\alpha$ 粒子の質量 $m \fallingdotseq 6.6 \times 10^{-27}$ kg なので，$\alpha$ 粒子の速さ $v$ は，次のように求められます。

$$\frac{1}{2}mv^2 = K \quad \rightarrow \quad v^2 = \frac{2K}{m}$$

$$\therefore \quad v = \sqrt{\frac{2K}{m}} = \sqrt{\frac{2 \times 1.0 \times 10^{-12}}{6.6 \times 10^{-27}}} = \sqrt{3.0303\cdots \times 10^{14}}$$

$$\fallingdotseq 1.7 \times 10^7 \, \text{m/s}$$

これを光の速さ（約 $3.0 \times 10^8$ m/s）と比べてみましょう。

$$\frac{1.7 \times 10^7}{3.0 \times 10^8} \times 100\% \fallingdotseq 5.7\%$$

凄まじい速さであることがわかりますよね。実際にラジウムから放出される $\alpha$ 粒子にはこれほどの速さがあり，原子の構造解明に大きく貢献したのです。

　ラザフォードは，エネルギーの大きい $\alpha$ 粒子を原子にぶつけ，その反応から原子の内部を探る実験を数多く行った科学者です。1919 年には，$\alpha$ 粒子を原子番号7の窒素の原子核にぶつけ，次のような反応を起こすことに成功しています。

$$_7\text{N} + {}_2\text{He} \quad \rightarrow \quad {}_8\text{O} + {}_1\text{H}$$

これは，原子核どうしをぶつけることで新たな原子核を生み出す反応です。このような反応は「**核反応**」とよばれ，これが人工的に初めて行われた核反応となりました。

　ラザフォードはさらに，他の原子核に α 粒子をぶつける実験も行いました。そして，いずれの場合にも上記の反応と同じように $_1$H が飛び出すことを確かめたのです。この事実は，いずれの原子核にも $_1$H が含まれていることを示しています。つまり，$_1$H は原子核の構成要素の１つであるということです。$_1$H は「陽子」のことです。

　このような中で，金の場合には α 粒子が金の原子核にぶつかるのではなく跳ね返されたわけです。これは，金の原子番号（陽子の数）は 79 と大きいため電気的な反発力が強く，α 粒子が金の原子核にぶつかるまでに接近できないためです。先ほどの問題では，次式に $Z=79$ を代入した値（$3.6 \times 10^{-14}$ m）が原子核の大きさの上限であると求められました。

$$R = \frac{2Zk_0e^2}{K}$$

これに対して，α 粒子が原子番号 7 の窒素の原子核には衝突することから，この関係式の原子番号 $Z=7$ として計算すると次のようになりなす。

$$R = \frac{2 \times 7 \times 9.0 \times 10^9 \times (1.6 \times 10^{-19})^2}{1.0 \times 10^{-12}} \fallingdotseq 3.2 \times 10^{-15}\ \text{m}$$

この値が原子核の大きさ（半径）の下限を示しているとわかるのです。


## ● ラザフォードの原子モデルとその難点

　ラザフォードによって，原子の構造解明が進みました。しかし，ラザフォードの原子モデルが原子の謎をすべて解き明かしたわけではありません。実は，ラザフォードのモデルが正しいとした場合に説明できないことが２つ生まれてしまったのです。

　１つめは，電子が原子核の周りを円運動しているならば，電磁波を放射するはずだということです。円運動は（円の中心に向かって加速する）加

速度運動であり，電荷が加速度運動をすると電磁波を放射することが電磁気学から導き出されていました。電磁波はエネルギーをもつので，電子が電磁波を放出したらその分だけエネルギーを失うはずです。すると電子の運動エネルギーが減少して運動は勢いを失い，円運動の半径が徐々に小さくなって原子核に近づき，やがて原子核に落ち込んでしまうことになるのです。

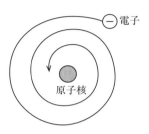

　これでは，原子が安定して存在できないことになってしまいますよね。しかし現実には，原子は安定して存在しています。これが，ラザフォードの原子モデルではうまく説明できない難点でした。

　先ほど，原子核の周りを円運動する電子は電磁波という形でエネルギーを放出すると言いましたが，そのエネルギーは電子の軌道によって異なります。上図のように電子の軌道が連続的に変化する（円運動の半径が徐々に小さくなる）場合，放出する電磁波のエネルギーも連続的に変化することになります。しかし，実際に観測される原子から放出される光は，特定の波長のものだけでした。これも，ラザフォードの原子モデルが現実をうまく説明できていない点です。これが2つめの難点です。

　このように，ラザフォードの原子モデルは完成されたものとは言えないものでした。それでは，これは見当違いの代物だったのでしょうか？　いいえ，そんなことはありません。正電荷が中心のごく狭い範囲に集中していることは実験によって裏づけられていますし，その場合に電子が中心に落ち込まずに存在するには円運動をする必要があります。

　ラザフォードの原子モデルに見つかった難点は，どのようにしたら克服できるのでしょう？　これを可能にしたのが，ニールス・ボーア（デン

128

マーク，1885〜1962 年）の発表した大胆な仮説だったのです。ラザフォードが原子モデルを提唱したのは 1911 年ですが，ボーアのアイデアはその 2 年後の 1913 年に誕生しています。

　ここで，ボーアの仮説を紹介する前に，先ほどの「原子からは特定の波長の光だけが放出される」ということについて詳しく説明しておきましょう。ボーアの仮説を理解するためにも必要だからです。例えば，ナトリウムランプ（封入したナトリウムの蒸気に電圧をかけて発光させるランプ）は黄色く光ります。これは，ナトリウムが特定の波長の光を放出するためです。水銀ランプ（封入した水銀の蒸気に電圧をかけて発光させるランプ）も同様です。原子にはいろいろな種類がありますが，その中で構造が最もシンプルなのは電子を 1 つしかもたない水素原子です。水素も同様で，電圧をかけると特定の波長の光を放出します。ただし，ガラス管に水素ガスを封入して放電させた場合には，水素**原子**が発する光と水素**分子**が発する光が混ざってしまいます。そこで，水素原子が発する光だけを観察するには，ガラス管に少量の水蒸気を入れて放電します。このとき水分子（$H_2O$）は H と OH に解離してそれぞれ光を発します。ただし，OH の発する光は目に見える可視光ではないので，水素原子 H が発する光だけが観察されることになるのです。このような観測が，19 世紀後半に進められていました。そして，中学校で数学教師をしていたヨハン・ヤコブ・バルマー（スイス，1825〜1898 年）が，1885 年に水素原子が放出する光の波長が極めて正確に次の関係を満たすことを発見したのです。

$$\frac{1}{\lambda} = R\left(\frac{1}{2^2} - \frac{1}{n^2}\right) \quad (n = 3, 4, 5, \cdots\cdots)$$

（$\lambda$：水素原子が放出する光の波長，$R$：リュードベリ定数[1]$\fallingdotseq 1.097 \times 10^7 \, \mathrm{m}^{-1}$）

　水素原子が放出する光の波長がこのような規則性を満たすことが見つかったわけですが，どうしてそうなるのかはわかりませんでした。これを発見したバルマーが数学教師だったことが，そのことを物語っていると言

---

[1] リュードベリ定数 $R$ は，水素原子が放出する波長 $\lambda$ が満たす関係式を整数を用いて上式のように表せるようにするための値です。

えるかもしれません。バルマーはあくまでも上のような数学的な関係が成り立つことに気づいただけであり，この関係式が意味することは不明だったのです。

　ところで，上の関係式が成り立つなら「2」の部分を他の数字に変えた次の(a)式や(b)式なども成り立つのではないかと推測されます。

$$\frac{1}{\lambda} = R\left(\frac{1}{1^2} - \frac{1}{n^2}\right) \quad (n = 2, 3, 4, \cdots\cdots) \quad \cdots\cdots (a)$$

$$\frac{1}{\lambda} = R\left(\frac{1}{3^2} - \frac{1}{n^2}\right) \quad (n = 4, 5, 6, \cdots\cdots) \quad \cdots\cdots (b)$$

　実際，これらの関係式を満たす波長λの光も水素原子から放出されることが，その後の研究によって明らかになっています。ただし，バルマーが関係性を見出した光は可視光だったのに対して，(a)の関係式を満たすのは紫外線（可視光より波長が短く，人間の目には見えない）であり，(b)の関係式を満たすのは赤外線（可視光より波長が長く，人間の目には見えない）だったのです。(a)式の関係はセオドア・ライマン（アメリカ，1874〜1954年），(b)式の関係はフリードリッヒ・パッシェン（ドイツ，1865〜1947年）が発見しています。

# ボーアの水素原子モデル

## ● 量子条件と振動数条件

　本節では前節に続き，1913 年に提唱されたニールス・ボーア（デンマーク，1885〜1962 年）の仮説を見ていきます。ボーアはいったい，どのようにしてラザフォードの原子モデルの難点を克服したのでしょう？ボーアの仮説のポイントは以下の 2 つです。これらの条件が成り立つという仮定のもとに，構造が最もシンプルな水素原子のモデルを考えたのです。

---

**量子条件**　原子内で電子が存在する領域に関する条件。電子は特定の軌道，具体的には次の関係を満たす軌道にしか存在できない。

$$mvr = n\frac{h}{2\pi} \quad (n = 1, 2, 3, \cdots\cdots)$$

（$m$：電子の質量，$v$：電子の速さ，$r$：電子の軌道半径，$h$：プランク定数）

---

　これが「量子条件」であり，$n$ は「**量子数**」とよばれます。なお，量子数は電子の状態を決める値ですが，**離散値**（とびとびの値）であることが重要です。

　ボーアは，これら特定の軌道上にある電子は電磁波を出さずに周回できるとしました。量子条件が成り立つなら，電子が連続的に軌道を変えて原子核に落ち込んでしまうことはありません。このように考えることで，ラザフォードの原子モデルについて 1 つめの難点を解決したのです。

> **振動数条件** 原子が光を放出したり吸収したりする仕組みに関する条
> 件。原子が光を放出したり吸収したりするのは，電子が異なる軌道
> へ移る（遷移する）ときである。

電子のエネルギーは存在する軌道によって異なります（各軌道における
エネルギーの値を「**エネルギー 準 位**」といいます）。電子がよりエネル
ギーの低い軌道へ移るときには光を放出し，よりエネルギーの高い軌道へ
移るときには光を吸収するのです。このとき，電子は「1 個の光子」を放
出または吸収します。振動数 $\nu$ の光子のエネルギーは $h\nu$ と表せました。
このエネルギーが，軌道を変えることによる電子のエネルギー変化と等し
いのです。具体的には，軌道 1 にある電子のエネルギーを $E_1$，軌道 2 に
ある電子のエネルギーを $E_2$（ただし，$E_2 > E_1$）とすると，電子が軌道 2
から軌道 1 へ移るときに**放出する**光子のエネルギー（$h\nu$）は次のように
なります。

$$h\nu = E_2 - E_1$$

この式は，逆に電子が軌道 1 から軌道 2 へ移る❶ときに**吸収する**光子の
エネルギーも $h\nu$ であることを示しています。

量子条件から，各軌道の電子のエネルギーは特定の値（エネルギー準
位）になります。そのため，軌道間を移動するときに放出または吸収する
光の振動数 $\nu$ も特定の値になることがこの関係からわかります。この関
係が「振動数条件」です。振動数条件によって，ラザフォードの原子モデ
ルの 2 つめの難点を解決することができます。

このように，ボーアの仮説は観測事実をうまく説明するものでした。

---

❶電子が軌道間を移動することを「**遷移**」，低いエネルギーから高いエネルギーの軌道に移動
することを「**励起**」といいます。

## ● 水素原子のスペクトル

さて，前出の通り（129〜130ページ参照），水素原子は次の関係を満たす光を放出します。

$$\frac{1}{\lambda}=R\left(\frac{1}{1^2}-\frac{1}{n^2}\right), \quad \frac{1}{\lambda}=R\left(\frac{1}{2^2}-\frac{1}{n^2}\right), \quad \frac{1}{\lambda}=R\left(\frac{1}{3^2}-\frac{1}{n^2}\right)$$

どうしてそのような波長の光を放出するのか，ボーアの原子モデルから導き出すことができるのです。そのことを理解できる入試問題がありますので，さっそく解いてみましょう。1992（平成 4）年度に京都大学の入試で出題されたものです。

---

次の文を読んで， $\boxed{\phantom{aaa}}$ に適した式をそれぞれ記せ。ただし，プランク定数を $h$ とする。

(1) 水素原子 H（$Z=1$），ヘリウムイオン He$^+$（$Z=2$），リチウムイオン Li$^{2+}$（$Z=3$），ベリリウムイオン Be$^{3+}$（$Z=4$）などでは，電荷 $Ze$ をもつ原子核の周りを電荷 $-e$ をもつ電子が 1 つまわっている。このような原子またはイオンでの電子の運動を考えよう。原子核は電子に比べじゅうぶんに重いので，中心に静止しているという近似ができる。

　質量 $m$ の電子が半径 $r$ の円軌道を速さ $v$ でまわっている場合，中心の電荷 $Ze$ をもつ原子核から受ける静電気力は $k_0 \times$ $\boxed{\quad \text{イ} \quad}$（$k_0=\dfrac{1}{4\pi\varepsilon_0}$ ; $\varepsilon_0$ は真空の誘電率）であるから，電子の運動方程式は，加速度を $v$ と $r$ で表して $\boxed{\quad \text{ロ} \quad}$ ……（ ⅰ ）となる。式（ ⅰ ）とボーアの量子条件を用いて $v$ を消去すれば，量子数 $n$ に対応する半径 $r_n$ は $r_n=$ $\boxed{\quad \text{ハ} \quad}$ となり，電子がこの軌道のどれか 1 つの上をまわっていれば電子は定常状態にある。電子が量子数 $n$ の定常状態にあるときのエネルギー $E_n$ は，運動エネルギーと，静電気力による位置エネルギーの和であたえられ，$E_n=$ $\boxed{\quad \text{ニ} \quad}$ ……（ ⅱ ）となる。

電子がエネルギー $E_n$ の定常状態から，エネルギー $E_l$ $(l < n)$ の定常状態へ落ちる場合，光が放出される。この光の波長 $\lambda$ は，光速を $c$ とすると，$E_n$ と $E_l$ を用いて，$\dfrac{1}{\lambda} = \boxed{\phantom{\text{ホ}}}$ と表される。$E_n$ に対する式（ⅱ）を代入すれば，この関係式は $\dfrac{1}{\lambda} = \boxed{\phantom{\text{ヘ}}} \times \left(\dfrac{1}{l^2} - \dfrac{1}{n^2}\right)$ …… (ⅲ) の形になる。

まずは，原子核の周りをまわっている電子について考える内容です。

電荷 $-e$ をもつ電子は電荷 $+Ze$ をもつ原子核から距離 $r$ だけ離れているので，電子と原子核の間にはたらく静電気力（クーロン力）の大きさは，「クーロンの法則」の比例定数が $k_0$ なので，

$$k_0 \frac{e \cdot Ze}{r^2} = k_0 \frac{Ze^2}{r^2} \quad \cdots\cdots \text{(答)}$$

これが向心力となって，電子が半径 $r$ の円軌道を速さ $v$ で等速円運動をしていることから，運動方程式は次式で表されます[❶]。

$$m\frac{v^2}{r} = k_0 \frac{Ze^2}{r^2} \quad \cdots\cdots \text{(答)}$$

さて，このようにして求めた運動方程式と量子条件を表す次式とから，電子の速さ $v$ を消去します。

$$mvr = n\frac{h}{2\pi}$$

上式を変形して $v = \dfrac{nh}{2\pi mr}$ とし，これを運動方程式に代入すると次のように整理できます（$r = r_n$ としています）。

$$\frac{m}{r}\left(\frac{nh}{2\pi mr}\right)^2 = k_0 \frac{Ze^2}{r^2} \quad \rightarrow \quad r_n = \frac{h^2}{4\pi^2 Z k_0 m e^2} n^2 \quad \cdots\cdots \text{(答)}$$

---

[❶]なお，実際には電子は原子核から万有引力も受けますが，静電気力に比べてずっと小さいので無視しています。

このようにして，電子が存在しうる特定の軌道の半径（量子数 $n$ に対応する半径）$r_n$ を式で表すことができました。なお，決まった軌道上をまわっている電子は「**定常状態**」にあると表現されます。

　続いて，定常状態にある電子の運動エネルギーと静電気力による位置エネルギーの和を求めます。電子の運動エネルギーは $\frac{1}{2}mv^2$ ですが，先ほど求めた運動方程式 $\left(m\frac{v^2}{r}=k_0\frac{Ze^2}{r^2}\right)$ から次のように表せます。

$$\frac{1}{2}mv^2=k_0\frac{Ze^2}{2r}$$

　また，静電気力による位置エネルギーは $-k_0\frac{Ze^2}{r}$ ですから，これらの和は，

$$k_0\frac{Ze^2}{2r}+\left(-k_0\frac{Ze^2}{r}\right)=-k_0\frac{Ze^2}{2r}$$

ここへ先ほど求めた $r_n$ の値を代入すれば，$E_n$ が次のように求められます。

$$E_n=-k_0\frac{Ze^2}{2}\times\frac{4\pi^2Zk_0me^2}{h^2n^2}=-\frac{2\pi^2Z^2k_0{}^2me^4}{h^2}\cdot\frac{1}{n^2} \quad\cdots\cdots\text{（答）}$$

　ここまでで求められたことを，いったん整理しておきましょう。電子は，半径が $r_n=\frac{h^2}{4\pi^2Zk_0me^2}n^2$ と表される特定の円軌道にのみ存在します。式中の $\frac{h^2}{4\pi^2Zk_0me^2}$ は定数で，$n^2$ が $1, 4, 9, \cdots\cdots$ となるのに対応して半径 $r_n$ は変わります。そして，このような軌道にあるときの電子のエネルギーは $E_n=-\frac{2\pi^2Z^2k_0{}^2me^4}{h^2}\cdot\frac{1}{n^2}$ と表されます。こちらも式中の $\frac{2\pi^2Z^2k_0{}^2me^4}{h^2}$ は定数で，$\frac{1}{n^2}$ が $\frac{1}{1}, \frac{1}{4}, \frac{1}{9}, \cdots\cdots$ となります。また，電子のエネルギーは負の値であることもわかります。

　以上のことを図に整理すると，次のようになります。電子の様子が少し

イメージしやすくなるかもしれません。

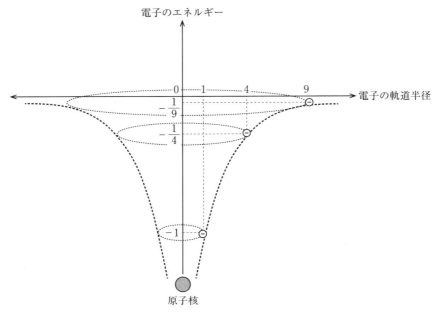

\*原子核に最も近い電子の半径を1，エネルギーを −1 として描いています。

　この図から，電子のエネルギーは原子核に近いときほど小さいことがわかりますよね。そのため，電子が現在の軌道より内側の軌道に移るときにはエネルギーを放出することになります。このことを考えるのが次の設問です。

　電子は軌道を移ることで失うエネルギーを1個の光子の形で放出します。光子のエネルギーは振動数 $\nu$ を用いて $h\nu$ と表せますが，振動数 $\nu$ は次式で表せることから $h\nu$ を変形できます。

$$\nu = \frac{c}{\lambda} \quad (c：光速，\lambda：光の波長) \quad \rightarrow \quad h\nu = \frac{ch}{\lambda}$$

以上のことから，次の関係がわかり，これを整理すると，

$$E_n - E_l = \frac{ch}{\lambda} \quad \rightarrow \quad \frac{1}{\lambda} = \frac{E_n - E_l}{ch} \quad \cdots\cdots (答)$$

そして，ここへ先ほど求めた $E_n$（と $E_l$）を代入すれば次のようになります。

$$\frac{1}{\lambda} = \frac{2\pi^2 Z^2 k_0{}^2 me^4}{ch^3}\left(\frac{1}{l^2} - \frac{1}{n^2}\right)$$

この問題では原子核に陽子が $Z$ 個ある場合を考えましたが，水素原子の場合は $Z=1$ ですので，次の関係が成り立つことになります。

$$\frac{1}{\lambda} = \frac{2\pi^2 k_0{}^2 me^4}{ch^3}\left(\frac{1}{l^2} - \frac{1}{n^2}\right) \quad \cdots\cdots (\text{答})$$

そして，$\dfrac{2\pi^2 k_0{}^2 me^4}{ch^3}$ の部分へ各数値を代入して計算すると，見事にリュードベリ定数 $R$ の値と一致するのです❶（！）。このように，ボーアの仮説に基づいて水素原子が吸収・放出する光を考察すると，その波長が観測事実と見事に一致します。このことは，ボーアの仮説の正当性を示すといえます。

---

❶計算は次式のとおりです。

$$\frac{2\pi^2 k_0^2 me^4}{ch^3} \fallingdotseq \frac{2\times3.14^2\times(9.0\times10^9)^2\times(9.1\times10^{-31})\times(1.6\times10^{-19})^4}{(3.0\times10^8)\times(6.6\times10^{-34})^3} \fallingdotseq 1.1\times10^7\,\mathrm{m}^{-1}$$

## 6.3
# ボーア・モデルと物質波

### ● ボーアの仮説の検証

　ボーアの仮説の最大の特徴は，電子の軌道も，放出または吸収する光の振動数も離散値（とびとびの値）であるという点です。これは，古典物理学にはない特徴です。というのは，物体のエネルギーは**連続的に**変化すると考えるのが古典物理学だからです。このことは私たちの感覚にも合致しますよね。ある物体のエネルギーが大きくなるときに，「100 J の次は 101 J で，100.5 J にはなれない」などと言われたら当然「おかしい！」と感じるはずです。エネルギーは 100.1 J，100.2 J，……（あるいは，100.01 J，100.02 J，……）のように連続的に変化するというのが常識的な感覚でしょう。ところが，量子論はこれを否定するのです。連続的に変化するように見えるエネルギーは，実は離散値で変化しているのだというのですね。このようなことを日常レベルで感知することはできませんが，原子の構造のようにミクロな世界を覗くことでそのことが見えてくるのです。細かなギザギザがある坂道も，私たちには段差のないスロープに見えるのにたとえられるかもしれませんね。

ミクロに見たら階段　　　　　　　　　　　マクロに見たら直線の坂道

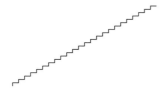

　ところで，ボーアの仮説には根拠があったのでしょうか？　実は，ボーアは量子条件および振動数条件が成り立つ理由を十分に説明していません（！）。ボーアの仮説は，「理由はわからないけれど，このように考えれば

観測事実をうまく説明できる」というものだったのです。そういう意味で、ボーアの仮説は大胆なものと言えるでしょう。

実は、明確な理由の説明がなかったボーアの仮説に対し根拠を与えたのが、1924年のド・ブロイによる物質波の発見でした（92ページ参照）。1913年にボーアが水素原子モデルを発表した、実に11年後のことです。物質波の発見が、ボーアのモデルにどのように関係するのでしょう？

ボーアは、電子は特定の円軌道にのみ存在するとしました。ここで電子を波と考えれば、電子波が特定の軌道にのみ存在するということになります。これは、「定常波をつくることができる軌道にのみ電子が存在する」と言うことができます。

もう少し具体的に考えてみましょう。電子波の波長 $\lambda$ は、電子の運動量の大きさ $p$ を使って次式で求められるのでした。

$$\lambda = \frac{h}{p} \quad (h：プランク定数)$$

円軌道では、このような波長をもつ電子波が周回していると考えることができます。このとき次図(a)と(c)のように、円軌道の長さが電子波の波長の整数倍であれば、周回を繰り返す電子波は定常波をつくって安定に存在することができます。ところが次図(b)のように、円軌道の長さが電子波の波長の整数倍になっていないと、電子波は周回しながら弱め合うことになってしまうのです。

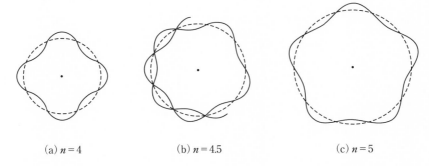

(a) $n=4$ 　　　　(b) $n=4.5$ 　　　　(c) $n=5$

半径 $r$ の円軌道の長さは $2\pi r$ であり、これが電子波の波長 $\lambda = \dfrac{h}{p}$ の整数

倍であれば，次式が成り立ちます。そのような軌道にだけ電子が存在できるということになるのです。

$$2\pi r = n\frac{h}{p} \quad (n=1, 2, 3, \cdots\cdots)$$

ここへ電子の運動量の大きさ $p=mv$ を代入して整理すれば，ボーアの量子条件が導出されます。

$$mvr = n\frac{h}{2\pi} \quad (n=1, 2, 3, \cdots\cdots)$$

このように，ド・ブロイの物質波の発見がボーアの水素原子モデルに根拠を与えることになったのです。

## ● ボーアの理論

ここまで，ボーアの原子モデルについて詳しく見てきました。それでは，入試問題を解きながらボーアの考えたことについて整理してみましょう。2015（平成 27）年度に京都大学で出題されたものです。

---

次の文章を読んで，□□□ には適した式か数を，□□□ には有効数字 2 桁で適した数値をそれぞれ記せ。

ボーアの理論によると，水素原子における電子の定常状態のエネルギー準位は正の整数 $n$ を用いて $-\dfrac{Rch}{n^2}$ と表される。ここで $R$ はリュードベリ定数，$c$ は光の速さ，$h$ はプランク定数である。この式は，電子に波としての性質があり，その波長 $\lambda_e$ が電子の運動量 $p$ を用いて $\lambda_e = $ ［　ア　］ のように表されることや，電子が陽子の周りを円運動するときに，その軌道の半径 $r$ と電子波の波長 $\lambda_e$ を用いて表される ［　イ　］ が正の整数値になるときに限って電子波が定常波をなすことなどを用いて得られる。電子が $n=n_H$ のエネルギー準位からそれよりも低い $n=n_L$ のエネルギー準位に移るとき，エネルギーが

ウ　で波長が　エ　の光子を放出する。これによって，水素原子の発する光の波長はとびとびの値をとることがわかる。以下では $R=1.1\times10^7/\mathrm{m}$ を用いよ。電子が $n=3$ のエネルギー準位から $n=2$ のエネルギー準位に移るときに発せられる光の波長は　オ　m で与えられる。また，あるエネルギー準位にある電子が $n=3$ のエネルギー準位に移るときに発せられる光の波長の最小値は　カ　m である。

水素原子中で定常状態にある電子のエネルギーは，次式で表すことができるのでした（135，137 ページ参照）。

$$E_n=-\frac{2\pi^2k_0{}^2me^4}{h^2}\cdot\frac{1}{n^2}$$

また，バルマーが発見したリュードベリ定数 $R$ は，次式で表すことができました（137 ページ参照）。

$$R=\frac{2\pi^2k_0{}^2me^4}{ch^3}$$

この 2 式から，水素原子中の電子のエネルギー $E_n$ は次のように表せることがわかります。

$$E_n=-\frac{2\pi^2k_0{}^2me^4}{h^2}\cdot\frac{1}{hc}\cdot\frac{hc}{n^2}=-\frac{Rhc}{n^2}$$

問題文では電子のエネルギーがこのような形で示されています。さて，原子核の周りをまわる電子は波（電子波）として存在し，その波長 $\lambda_e$ は，電子の運動量の大きさ $p$ とプランク定数 $h$ を使って $\lambda_e=$ **（答）**$\dfrac{h}{p}$ と表すことができるのでした（94 ページ参照）。

そして，電子は周回する電子波が定常波をつくる軌道にのみ存在できるのです。このことからボーアの量子条件を導出することができました。半径 $r$ の円軌道の長さは $2\pi r$ であり，これが電子波の波長 $\lambda_e$ の整数倍（$n$ 倍）であれば電子波が定常波として存在できることから，$2\pi r=n\lambda_e$ すな

わち次式を満たす半径 $r$ の円軌道にのみ電子が存在することがわかります。

$$\frac{2\pi r}{\lambda_e} = n \quad \cdots\cdots（答）$$

　さて，電子が存在できる軌道はいくつもあるため，電子は軌道間を移動することがあります。特に，電子がよりエネルギーの低い軌道へ移るときには余ったエネルギーを1個の光子の形で放出するのでした（よりエネルギーの高い軌道へ移るときには1個の光子を吸収しました）。このようにして，水素原子は特定の波長（振動数）の光のみを放出または吸収します。これが振動数条件でした。ここでは，電子が $n=n_H$ から $n=n_L$ の軌道へ移るときに発する光子について考えます。放出される光子のエネルギーは軌道間のエネルギー差と等しくなるため，その値は次のようになります。

$$h\nu = -\frac{Rhc}{n_H{}^2} - \left(-\frac{Rhc}{n_L{}^2}\right) = -\frac{Rhc}{n_H{}^2} + \frac{Rhc}{n_L{}^2} \quad \cdots\cdots（答）$$

　ここで，発せられる光子の波長 $\lambda$ は，この式および $c=\nu\lambda$ の関係から次のように求められます。

$$\lambda = \frac{c}{\nu} = \frac{n_L{}^2 n_H{}^2}{R(n_H{}^2 - n_L{}^2)} \quad \cdots\cdots（答）$$

　ある $n_H$ に対して $n_L=1, 2, \cdots\cdots, n_H-1$ が対応することから，水素原子の発する光子の波長は離散値（とびとびの値）となることがわかりますよね。

　ここで，具体的な波長を求めてみましょう。$n_H=3$，$n_L=2$ のときには，これらの値を上式へ代入して，放出される光の波長が次のように計算できます。

$$\lambda = \frac{2^2 \times 3^2}{1.1 \times 10^7(3^2 - 2^2)} \fallingdotseq 6.5 \times 10^{-7} \text{m} \quad \cdots\cdots（答）$$

　さらに，$n_L=3$ の軌道へは $n_H=n_L+1, n_L+2, n_L+3, \cdots\cdots$ の軌道から電子が移ってくるので，そのときに発せられる光の波長は次のように表されます。

$$\lambda = \frac{3^2 \times n_H{}^2}{1.1 \times 10^7 (n_H{}^2 - 3^2)} = \frac{9}{1.1 \times 10^7 \left\{ 1 - \left( \frac{3}{n_H} \right)^2 \right\}} \quad \cdots\cdots (a)$$

これは $n_H$ が大きくなるほど小さくなり，$n_H \to \infty$ で $\frac{3}{n_H} \to 0$ より，発せられる光の波長の最小値は次のように計算できます。

$$\lambda = \frac{9}{1.1 \times 10^7} \fallingdotseq \mathbf{8.2 \times 10^{-7} m} \quad \cdots\cdots (\mathbf{答})$$

以上，水素原子から特定の波長の光が放出される仕組みがわかる問題でした。なお，光が $n_L = 3$ の軌道へ移るときに発せられる光の波長が満たす関係式は，(a)式より次のようになります。

$$\frac{1}{\lambda} = R\left( \frac{1}{3^2} - \frac{1}{n^2} \right) \quad （リュードベリ定数は R，n_H は n と表しています）$$

そして，これは**パッシェンが発見した関係式そのもの**です（130 ページ参照）。パッシェンが発見したのは，$n = 3$ の軌道へ電子が移るときに発せられる光の波長が満たす関係式だったのですね。これは赤外線に該当したわけですが，実際に上で求めた $8.2 \times 10^{-7}$ m という波長は可視光領域を超えた赤外線領域です。これが最小値なのですから，それより波長が長いものも赤外線領域ということになります。

整理すると，以下のようになります。

・$n = 1$ の軌道へ電子が移るときに発せられる光の波長が満たす関係式

$$\frac{1}{\lambda} = R\left( \frac{1}{1^2} - \frac{1}{n^2} \right) \quad (n = 2, 3, 4, \cdots\cdots)：ライマン系列（紫外線領域）$$

・$n = 2$ の軌道へ電子が移るときに発せられる光の波長が満たす関係式

$$\frac{1}{\lambda} = R\left( \frac{1}{2^2} - \frac{1}{n^2} \right) \quad (n = 3, 4, 5, \cdots\cdots)：バルマー系列（可視光領域）$$

・$n = 3$ の軌道へ電子が移るときに発せられる光の波長が満たす関係式

$$\frac{1}{\lambda} = R\left( \frac{1}{3^2} - \frac{1}{n^2} \right) \quad (n = 4, 5, 6, \cdots\cdots)：パッシェン系列（赤外線領域）$$

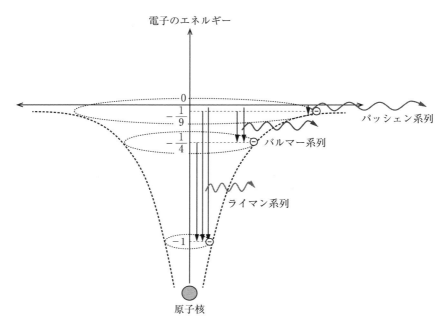

電子のエネルギー

0

$-\dfrac{1}{9}$

$-\dfrac{1}{4}$

パッシェン系列

バルマー系列

ライマン系列

$-1$

原子核

＊エネルギーが大きい（振動数 $\nu$ が大きい）ほど，波長 $\lambda$ は短い光となる。

# 第 7 章

# 量子論の成立

# 2 種類の X 線

## ● 特性 X 線の発生機構

　ボーアが提唱した水素の原子モデルは，観測される事実をうまく説明してくれるものでした。また，X 線に関する謎の一部も解き明かしてくれました。

　X 線は，加速した電子を金属にぶつけると発生させることができます（このことは，68 ページ以降の問題中でも少し触れられていました）。これは，ぶつかった金属原子から静電気力を受けて，電子が急激に減速するためです。減速する電子はエネルギーを失い，そのエネルギーが X 線のエネルギーとなって放出されるのです。このとき放出される X 線の最短波長は次式で表されるのでした（70 ページ参照）。

$$\lambda = \frac{hc}{eV} \quad \left[ \begin{array}{l} h：プランク定数，c：光速 \\ e：電子の電荷の絶対値，V：加速電圧 \end{array} \right]$$

　すなわち，電子を加速する電圧 $V$ が大きいほど波長が短くなります。大きな電圧で加速されるほど電子の運動エネルギーは大きく，金属に衝突したときに失うエネルギーも大きくなります。そのため X 線光子のエネルギー（$h\nu$）が大きくなる（波長 $\lambda$ は小さくなる）のです。

　ただし実際には，電子の運動エネルギーのすべてではなく，一部が X 線のエネルギーになることが多いので，発生する X 線の波長は最短波長以上の領域に広がることになります。

　さて，X 線が以上のような仕組み**だけ**で発生するのなら，X 線の強度は次図（左）のように連続的に分布することになるはずです。

　しかし，実際に発生する X 線の強度は次図（右）のようなグラフになります。このように，ある特定の波長の X 線だけが非常に強く放出されるのです。このような特定の波長で強く発せられる X 線は「**特性 X 線**

（または，**固有 X 線**)」とよばれます。

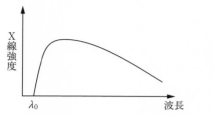 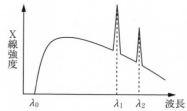

　特性 X 線が発生する理由は，先ほど説明した仕組みでは理解できません。いったい，どうしてこのようなものが生まれるのでしょう？　これを解き明かしてくれるのは，またしてもボーアの原子モデルです。

　ボーアの理論によれば，原子内で電子は特定の軌道にだけ存在しているのでした。電子が衝突する金属を構成する原子でも同様です。このような原子に電子をぶつけるとき，照射された電子が金属原子内の電子に衝突することがあります。すると，照射電子は金属原子中の電子を弾き飛ばすことになるのです。

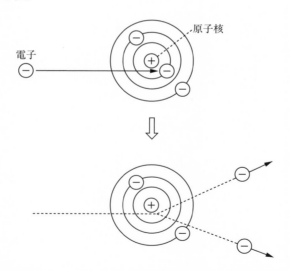

　電子が弾き飛ばされることで，金属原子中には軌道の空きが生じます。ここへ，よりエネルギーの高い外側の軌道にある電子が移ってくる（落ち

込んでくる）のです。そして，このとき1個の光子を放出します。このときの軌道間のエネルギー差は特定の値となるため，発生する光子の波長も特定の値になります。その波長がX線領域であれば発生するのはX線となり，このようにして特定の波長のX線が強く放出されることになります。これが「特性（固有）X線」なのです。ボーアの理論が，特性X線が発生する仕組みを見事に解明してくれたのです。

　ここで，特性X線の発生機構に関する問題を解いてみましょう。これは，2019（令和元）年度の大学入試センター試験で出題されたものです。

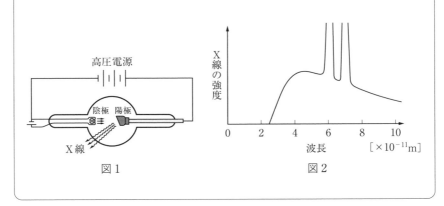

**Lead**

　図1のようなX線発生装置を用いて発生させたX線の強度と波長の関係（スペクトル）を調べたところ，図2のようなスペクトルが得られた。以下では，電気素量を $e$，静止している電子の質量を $m$，プランク定数を $h$，真空中の光速を $c$ とする。また，陽極と陰極の間の加速電圧を $V$ とする。

高圧電源

陰極　陽極

X線

図1

X線の強度

波長　[×10⁻¹¹m]

図2

　リード文（導入文）では，X線を発生させる方法が紹介されています。
　まずフィラメント（陰極）を加熱して電子を飛び出させ，これ（熱電子）に高電圧を加えて加速します。そして，それを金属（陽極）に衝突さ

せると X 線が発生するのです。64～65 ページでレントゲンによる X 線の発見を紹介しましたが，レントゲンが行っていたのは真空放電の実験であり，加速した電子を金属にぶつけるということを実現していたのですね。

　さて，このとき発生する X 線にはさまざまな波長のものが混ざっています。そして，波長ごとに発生強度が異なります。その様子を表したのが問題図 2 です。波長が変わるのに伴って強度が連続的に変化する「連続 X 線」と，特定の波長で強度が非常に大きくなる「特性（固有）X 線」が確認できますね。この問題では，それぞれがどうして発生するのかを考えます。

---

**問 1**　次の文章中の空欄　ア　・　イ　に入れる式の組合せとして正しいものを，次の①～⑥のうちから 1 つ選べ。

　陰極から飛び出した電子は，電圧 $V$ で加速され陽極に衝突する。この電子が衝突直前にもっている運動エネルギーは，$E=$　ア　であるから，陽極から出る X 線の振動数の最大値 $\nu_0$ は，$\nu_0=$　イ　である。ただし，陰極から飛び出した電子の初速度の大きさは十分小さいとする。

| | ① | ② | ③ | ④ | ⑤ | ⑥ |
|---|---|---|---|---|---|---|
| ア | $eV$ | $eV$ | $mc^2$ | $mc^2$ | $\dfrac{1}{2}mc^2$ | $\dfrac{1}{2}mc^2$ |
| イ | $\dfrac{E}{h}$ | $\dfrac{h}{E}$ | $\dfrac{E}{h}$ | $\dfrac{h}{E}$ | $\dfrac{E}{h}$ | $\dfrac{h}{E}$ |

---

　まずは，連続 X 線の発生の仕組みに関する設問です。

　電荷の絶対値 $e$ の電子が電圧 $V$ から得るエネルギー $E=$ **(答)** $eV$ であり，これが陽極に衝突する直前に電子がもっている運動エネルギーになります。そして，このエネルギーの全部が衝突によって 1 個の X 線光子のエネルギー $h\nu$（$h$：プランク定数，$\nu$：X 線の振動数）になるとき，

$eV=h\nu$ により発生する X 線の振動数 $\nu$ は，次のようになることがわかります。

$$\nu=\frac{eV}{h}=\frac{E}{h}$$

電子のエネルギーがすべて X 線光子のエネルギーに変わるとき，発生する X 線のエネルギーは最大となります。そして，X 線光子のエネルギーは振動数に比例することから，このとき X 線の振動数が最大となることがわかります。すなわち，先ほど求めた値は発生する X 線の振動数の**最大値** $\nu_0$ なのです。

$$\nu_0=\frac{E}{h} \quad \cdots\cdots\text{（答）}$$

70 ページで，発生する X 線の波長には下限値があると説明しました。X 線の波長は振動数に反比例しますので，**振動数に最大値があることは波長に最小値があることとも言える**のです[1]。

電子のエネルギーの一部のみが X 線光子のエネルギーに変わるときには，より振動数の小さい（波長の長い）X 線が発生することになります。なお，発生する X 線の振動数に下限はありません（波長に上限はありません）。

---

**問 2**　次の文章中の空欄　ウ　・　エ　に入れる語と式の組合せとして最も適当なものを，下の①〜⑧のうちから 1 つ選べ。

　図 2 に観測される鋭いピーク部分の X 線を　ウ　とよぶ。この　ウ　は次のような仕組みで発生する。はじめに，図 3 (a)のように高電圧で加速された電子が陽極の金属原子と衝突して，エネルギー準位 $E_0$ をもつ内側の軌道の電子がたたき出される。次に，図 3 (b)のようにエネルギー準位 $E_1$ をもつ外側の軌道にある電子が内側の空いた軌道へ落ち込み，X 線が放出される。放出される X 線

---

[1] X 線（光）の伝わる速さ $c=\nu\lambda$ であり，$c$ は一定なので $\nu$ と $\lambda$ が反比例します。

のエネルギーは $E_X = \boxed{\text{エ}}$ となる。この X 線の放出現象は，ボーアによって説明された水素原子からの光の放出と同じ現象である。

原子核の周りを運動する電子のエネルギー準位は，原子番号によって異なるので，$E_X$ は元素ごとに違う値になる。

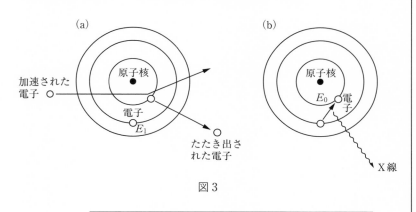

(a)
加速された電子
原子核
電子 $E_1$
たたき出された電子

(b)
原子核
$E_0$ 電子
X線

図3

|  | ウ | エ |
|---|---|---|
| ① | 特性（固有）X 線 | $E_1$ |
| ② | 特性（固有）X 線 | $E_1 - E_0$ |
| ③ | 特性（固有）X 線 | $E_1 + eV$ |
| ④ | 特性（固有）X 線 | $E_1 - E_0 + eV$ |
| ⑤ | 連続 X 線 | $E_1$ |
| ⑥ | 連続 X 線 | $E_1 - E_0$ |
| ⑦ | 連続 X 線 | $E_1 + eV$ |
| ⑧ | 連続 X 線 | $E_1 - E_0 + eV$ |

続いて，**（答）特性（固有）X 線**が発生する仕組みに関する設問です。

金属原子に衝突する電子が内側の（エネルギーの低い）軌道から電子を弾き飛ばし，空いたスペースにより外側の（エネルギーの高い）軌道から電子が落ち込むことで，余ったエネルギーが 1 個の X 線光子として放出

されるのでした。このとき，X線光子のエネルギーは2つの軌道のエネルギー差（**答**）$E_1 - E_0$ と等しくなります。

---

**問3** 次の文章中の空欄 オ ・ カ に入れる語句の組合せとして最も適当なものを，下の①〜⑥のうちから1つ選べ。

陽極金属の種類や加速電圧 $V$ を変えて，X線を測定したところ，図4のような3つのX線スペクトル（A），（B），（C）が得られた。

同じ加速電圧を用いて得られたスペクトルの組合せは オ であり，同じ陽極金属を用いて得られたスペクトルの組合せは カ である。

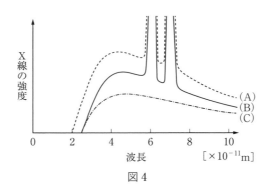

図4

|     | オ           | カ           |
| --- | ----------- | ----------- |
| ①   | （A）と（B） | （A）と（C） |
| ②   | （A）と（B） | （B）と（C） |
| ③   | （A）と（C） | （A）と（B） |
| ④   | （A）と（C） | （B）と（C） |
| ⑤   | （B）と（C） | （A）と（B） |
| ⑥   | （B）と（C） | （A）と（C） |

最後は，陽極に用いる金属の種類を変えた場合と，電子を加速する電圧

$V$ を変えた場合のそれぞれについて，発生する X 線がどのように変わるのかを考える設問です。

まずは，（加える電圧 $V$ は変えず）陽極金属の種類を変えた場合を考えましょう。加える電圧 $V$ を変えなければ，発生する X 線の振動数の最短波長 $\lambda_0 = \dfrac{hc}{eV}$ も変わりません。したがって，陽極金属の種類を変えた場合の組合せは **（答）（B）と（C）** であるとわかります。

さて，示されたグラフを見ると，（B）には鋭いピーク（特性 X 線）が見られるのに対して，（C）ではそれがありません。これはどうしてでしょう？　金属原子中の電子のエネルギー差に対応するのが特性 X 線であり，特定の波長をもちます。金属原子の種類が変わると，その中の電子のエネルギーも変わるため特性 X 線の波長も変化するのです。陽極金属の種類を変えると，このような変化が現れます。

（C）にも特性 X 線があるはずですが，問題図 4 に示された範囲からは外れているということです。（C）では（B）よりも波長の長い特性 X 線が発生しているのです。

続いて，（陽極金属の種類は変えず）電子を加速する電圧 $V$ を変えた場合を考えましょう。このときには発生する X 線の最短波長 $\lambda_0 = \dfrac{hc}{eV}$ が変わります。そして，同じ陽極金属を用いれば特性 X 線の波長は変わりません。これらのことから，この場合の組合せは **（答）（A）と（B）** だとわかります。

## ● 特性 X 線の波長と金属原子

さて，特性 X 線の波長が陽極金属の種類によって変わることがわかりましたが，具体的にどのように決まるのでしょう？　このことがわかる，特性 X 線の波長を求める問題が 2022（令和 4）年度の大阪大学の入試で出題されているので，見てみましょう。

　図のような原子モデルを使って，原子番号が $Z$（$10 < Z \leqq 18$）の原子が放出する固有 X 線を考える。中心に電荷 $+Ze$ をもつ原子核があり，その周りを電子が等速円運動している。

　軌道上の電子は，次の量子条件にしたがう。

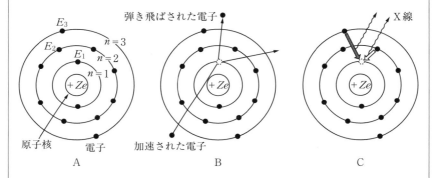

弾き飛ばされた電子

X 線

$E_3$
$E_2$
$E_1$
$n=3$
$n=2$
$n=1$

$+Ze$　　　　$+Ze$　　　　$+Ze$

原子核　　　電子　　　加速された電子

A　　　　　　　B　　　　　　　C

| 量子条件 | 原子内の電子は，円軌道の周の長さが物質波の波長の $n$ 倍（$n$ は正の整数）であるときに，定常状態として安定に存在できる。

　円軌道上の電子は，図 A のように定まった個数（$n=1$ の軌道には 2 個，$n=2$ の軌道には 8 個，……）だけ，低いエネルギー準位から状態を占めていく。同一（$n$ 番目）の軌道にある電子は，同じエネルギー準位 $E_n$ をもつとする（$E_n < 0$）。円軌道にある電子には，原子核との間にクーロン力がはたらき，他の電子から力は受けないとする。ただし，$n \geqq 2$ の軌道にある電子からは，より内側の軌道にある電子の数の分だけ，原子核の電荷を打ち消すように見えるため，クーロン力は補正を受ける（例えば，図 A の $n=2$ の軌道にある電子からは，原子核の電荷が $+(Z-2)e$ に見える）。

　固有 X 線は，次の振動数条件にしたがって放出される。

振動数条件 図 B のように，加速された電子が原子内の電子を弾き飛ばしたとき，図 C のように，外側の軌道の電子がより内側の軌道に移って，エネルギー準位差に対応する振動数の X 線が放出される。

軌道上の電子の速さは，光の速さ $c$ より十分に遅いとして，以下の問に答えよ。

ここでは，原子番号が 11 から 18 までの原子を考えています。すなわち，ナトリウム（$_{11}$Na），マグネシウム（$_{12}$Mg），アルミニウム（$_{13}$Al），ケイ素（$_{14}$Si），リン（$_{15}$P），硫黄（$_{16}$S），塩素（$_{17}$Cl），アルゴン（$_{18}$Ar）のいずれかの原子ですね。

**問1** 図 A の $n=3$ の軌道の半径を $r_3$ としたとき，クーロン力と遠心力のつり合いの関係から，$r_3$ を，$h$，$m$，$e$，$Z$，真空中のクーロンの法則の比例定数 $k_0$ を用いて表せ。

まずは，原子内を円運動する電子の軌道半径を求めます。$n=3$ の軌道よりも内側の（$n=1, 2$ の）軌道には電子が $(2+8=)10$ 個あるため，$n=3$ の軌道をまわる電子からは，原子核の電荷は $+(Z-10)e$ となって見えます。

よって，$n=3$ の軌道上の電子が原子核から受けるクーロン力（静電気力）の大きさは，クーロンの法則から $k_0\dfrac{e\cdot(Z-10)e}{r_3{}^2}$ となります。

また，電子の速さを $v$ とすると遠心力の大きさは $m\dfrac{v^2}{r_3}$ となります。よって，力のつり合いは次式で表されます。

$$k_0 \frac{(Z-10)e^2}{{r_3}^2} = m\frac{v^2}{r_3} \quad \cdots\cdots (a)$$

そして，リード文（導入文）にも示されている量子条件を利用します。

電子は物質波（電子波）として円軌道を周回します。その波長は $\dfrac{h}{mv}$ で

あり，円軌道の長さがその整数倍であれば電子波は定常波として安定に存

在できます。

$n=3$ の軌道の場合は，円軌道の長さ $2\pi r_3$ が次のようになります。

$$2\pi r_3 = \frac{h}{mv} \times 3 \quad \cdots\cdots (b)$$

$r_3$ は，(b)式を $v$ について解いたものを，(a)式に代入して解くことで求

められます。

$$k_0 \frac{(Z-10)e^2}{{r_3}^2} = \frac{m}{r_3}\left(\frac{3h}{2\pi m r_3}\right)^2 = \frac{m}{r_3} \cdot \frac{(3h)^2}{4\pi^2 m^2 {r_3}^2}$$

$$\therefore \ \boldsymbol{r_3 = \frac{9h^2}{4\pi^2(Z-10)k_0 m e^2}} \quad \cdots\cdots （答）$$

ここでは $n=3$ の軌道半径 $r_3$ を求めましたが，$n=1$ の軌道半径 $r_1$ およ

び $n=2$ の軌道半径 $r_2$ も求めておきましょう。同様の計算を繰り返しても

よいのですが，せっかくなので問1で求めた答を利用します。軌道が変わ

ることで，次の太字部分2箇所の数字が変わります。

$$r_3 = \frac{(\boldsymbol{3}h)^2}{4\pi^2(Z-\boldsymbol{10})k_0 m e^2}$$

$n=1$ の場合は分子の太字の数字 3 が 1 に，分母の太字の数字 10 は 0 に

なります。また，$n=2$ の場合は分子の太字の数字 3 が 2 に，分母の太字

の数字 10 は 2 になります。よって，$r_1$ と $r_2$ は次のようになります。

$$r_1 = \frac{h^2}{4\pi^2 Z k_0 m e^2}, \quad r_2 = \frac{(2h)^2}{4\pi^2(Z-2)k_0 m e^2}$$

**問2** 図 A のエネルギー準位 $E_2$，$E_3$ を，水素原子（$Z=1$）の基底状
態の電子のエネルギー準位 $E_H$ と $Z$ のみを使ってそれぞれ表せ。た

だし，クーロン力による位置エネルギーは無限遠をゼロ（基準）とする。

---

続いて，電子のエネルギーを考えます。電子のエネルギーは運動エネルギーとクーロン力（静電気力）による位置エネルギーの和として求められます。電子の軌道半径が $r$，電子から見た原子核の電荷が $(Z-X)e$ のとき，力のつり合いの式から電子の運動エネルギー $K$ が求められます。

$$k_0 \frac{e \cdot (Z-X)e}{r^2} = m\frac{v^2}{r} \quad \rightarrow \quad K = \frac{1}{2}mv^2 = k_0\frac{(Z-X)e^2}{2r}$$

また，電子の位置エネルギー $U = -k_0 \dfrac{e \cdot (Z-X)e}{r}$ であることから，電子のエネルギー $E$ は，次のようなります。

$$E = K + U = k_0\frac{(Z-X)e^2}{2r} + \left\{ -k_0\frac{(Z-X)e^2}{r} \right\}$$

$$= -k_0\frac{(Z-X)e^2}{2r}$$

$n=1$ の場合は，$r = r_1 = \dfrac{h^2}{4\pi^2 Z k_0 m e^2}$，$X=0$ を代入して，

$$E_1 = -\frac{2\pi^2 Z^2 k_0{}^2 m e^4}{h^2}$$

なお，ここへ $Z=1$ を代入すれば，水素原子の基底状態[1] の電子のエネルギー $E_H$ になります。

$$E_H = -\frac{2\pi^2 k_0{}^2 m e^4}{h^2}$$

$n=2$ の場合は，$r = r_2 = \dfrac{(2h)^2}{4\pi^2(Z-2)k_0 m e^2}$，$X=2$ を代入して，

$$E_2 = -\frac{\pi^2(Z-2)^2 k_0{}^2 m e^4}{2h^2}$$

---

[1] $n=1$ のエネルギー準位を「**基底状態**」といいます。

$n=3$ の場合は，$r=r_3=\dfrac{(3h)^2}{4\pi^2(Z-10)k_0 me^2}$，$X=10$ を代入して，

$$E_3=-\frac{2\pi^2(Z-10)^2 k_0{}^2 me^4}{9h^2}$$

以上のことから，$E_2$ と $E_3$ がそれぞれ次のように求められます。

$$\boldsymbol{E_2=\left(\frac{Z-2}{2}\right)^2 E_{\mathrm{H}}, \quad E_3=\left(\frac{Z-10}{3}\right)^2 E_{\mathrm{H}}} \quad \cdots\cdots \textbf{（答）}$$

---

**問3** 図に示されている固有 X 線の 2 つのピークは，図 C のように，電子が $n=2$ から $n=1$ と，$n=3$ から $n=1$ の軌道へ移るときに放出される X 線に対応する。固有 X 線が放出される直前には，$n=1$ の軌道にある電子の数は 1 個であることに注意して，固有 X 線の波長 $\lambda_2$ を，$E_{\mathrm{H}}$, $Z$, $h$, $c$ を使って表せ。

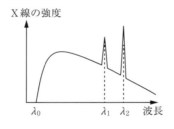

---

リード文（導入文）にも示されている振動数条件から，電子が失うエネルギーが放出する 1 個の X 線光子のエネルギーとなることがわかります。ここで，$n=1$ の軌道から電子が 1 つ抜けた状態では，$n=2$ の場合は $X=1$ となるため，電子のエネルギー $E_2{}'$ が次のようになることに注意が必要です。

$$E_2{}'=\left(\frac{Z-1}{2}\right)^2 E_{\mathrm{H}}$$

$n=3$ の場合は $Z=9$ となるため，電子のエネルギー $E_3{}'$ が次のようになります。

$$E_3' = \left(\frac{Z-9}{3}\right)^2 E_H$$

また，$E_1 = -\dfrac{2\pi^2 Z^2 k_0{}^2 m e^4}{h^2}$ は変わりません。これは，次のように表せます。

$$E_1 = Z^2 E_H$$

以上のことから，電子が $n=2$ の軌道から $n=1$ の軌道へ落ち込むときに放出される 1 個の X 線光子のエネルギーは，波長を $\lambda$ とすれば次のように表せます。

$$h\frac{c}{\lambda} = E_2' - E_1$$

ここから X 線の波長 $\lambda$ は次のように求められます。

$$\lambda = \frac{hc}{\left\{\left(\dfrac{Z-1}{2}\right)^2 - Z^2\right\} E_H}$$

$n=3$ の軌道から $n=1$ の軌道へ落ち込むときも同様に求めると，X 線の波長 $\lambda'$ は次のように求められます。

$$\lambda' = \frac{hc}{\left\{\left(\dfrac{Z-9}{3}\right)^2 - Z^2\right\} E_H}$$

2 つの波長 $\lambda$ と $\lambda'$ が特性 X 線の波長 $\lambda_1$，$\lambda_2$ に対応します。2 つを比較すると $\lambda > \lambda'$ であることがわかり（計算して求めることもできますが，$E_3' > E_2'$ より明らかです），次のように求められます。

$$\lambda_2 = \frac{hc}{\left\{\left(\dfrac{Z-1}{2}\right)^2 - Z^2\right\} E_H} \quad \cdots\cdots \textbf{（答）}$$

以上，問題を通して特性 X 線の波長が陽極金属の原子番号 $Z$ によってどのように変わるのか，具体的に知ることができました。

# 量子力学の確立

## ●シュレーディンガー方程式と波動関数

　原子の構造についてボーアが画期的なモデルを提唱し，ド・ブロイの物質波がボーアの理論を裏づけることになりました。このようにして，ミクロな世界を支配する物理法則は 19 世紀までに確立された物理学とは異なるものであることが明らかになってきました。

　ド・ブロイの物質波の考え方をさらに押し進めたのは，エルヴィン・シュレーディンガー（オーストリア，1887～1961 年）です。シュレーディンガーは，「**シュレーディンガー方程式**」という基礎方程式を考案しました。そして，シュレーディンガー方程式の解である「**波動関数**」がミクロな粒子の状態を表すとしたのです。

　シュレーディンガー方程式は，次式のように表されます。

$$i\hbar\frac{\partial \psi}{\partial t}=\hat{H}\psi$$

　シュレーディンガー方程式には，高校物理には登場しないものが複数出てきますので，簡単に説明しておきます。

| 物理量・数 | 記号 | 備考 |
|---|---|---|
| 虚　数 | $i$ | 2 乗すると $-1$ になる（$i^2=-1$）。 |
| 換算プランク定数<br>（ディラック定数） | エイチバー<br>$\hbar$ | $\hbar=\dfrac{h}{2\pi}$（$h$：プランク定数） |
| 波動関数 | プサイ<br>$\psi$ | シュレーディンガー方程式の解であり，電子の状態を表す。 |
| ― | $\dfrac{\partial \psi}{\partial t}$ | $\psi$ を時刻 $t$ の関数と見て，$t$ で 1 階微分したもの |
| ハミルトニアン❶ | $\hat{H}$ | エネルギーを求める演算子 |

このシュレーディンガー方程式を解いて，波動関数 $\phi$ を求めることができます。ここでは，例として電子が $x$ 軸上の $0 < x < l$ の範囲に閉じ込められている場合の波動関数 $\phi$ を示します。

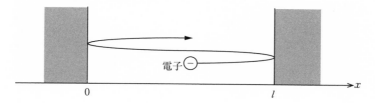

$$\phi(x, t) = A e^{-\frac{iE_n t}{\hbar}} \sin k_n x$$

（$e$：自然対数の底，$A$：シュレーディンガー方程式からは定まらない定数であり，ボルンの確率解釈から決定できる（163 ページ参照））

$$E_n = \frac{\hbar^2}{2m} \left( \frac{n\pi}{l} \right)^2 \quad (n = 1, 2, 3, \cdots\cdots)$$

$$k_n = \frac{n\pi}{l} \quad (n = 1, 2, 3, \cdots\cdots)$$

この中の $A \sin k_n x$ は，波として存在する電子の位置 $x$ での振幅を表しています。そして，$e^{-\frac{iE_n t}{\hbar}}$ は時刻 $t$ による変動（振動）を表します❷。位置ごとに決まった振幅で時間振動する定常波として電子が存在しているこ

第7章　量子論の成立

---

❶ハミルトニアン $\widehat{H}$ は次式で表されます。

$$\widehat{H} = -\frac{\hbar^2}{2m} \left( \frac{\partial^2}{\partial x^2} + \frac{\partial^2}{\partial y^2} + \frac{\partial^2}{\partial z^2} \right) + V(x, y, z)$$

ただし，

$m$：粒子の質量　　　$x, y, z$：粒子の位置

$\dfrac{\partial^2}{\partial x^2}$：ある関数を座標 $x$ の関数と見て，$x$ で2階微分すること

$\dfrac{\partial^2}{\partial y^2}$：ある関数を座標 $y$ の関数と見て，$y$ で2階微分すること

$\dfrac{\partial^2}{\partial z^2}$：ある関数を座標 $z$ の関数と見て，$z$ で2階微分すること

$V(x, y, z)$：ポテンシャルエネルギー（位置エネルギー）

❷ $e^{-\frac{iE_n t}{\hbar}} = \cos \dfrac{E_n t}{\hbar} + i \sin \dfrac{E_n t}{\hbar}$ のように変形でき，これは時刻 $t$ が大きくなっても収束しないことがわかります。（虚数 $i$ があるためです。$i$ がなく $e^{-\frac{E_n t}{\hbar}}$ であったら，この値は時刻 $t$ が大きくなるにつれて小さくなり，0 に収束します。）

とが, 示されているのです。

$E_n = \dfrac{\hbar^2}{2m}\left(\dfrac{n\pi}{l}\right)^2$ という式は, 電子のエネルギーを表します。式中の $n$ の値が $n = 1, 2, 3, \cdots\cdots$ に限られることから, 電子のエネルギー $E_n$ がとびとびの値に制限されることがわかります。

そして, 電子のエネルギーが決まれば ($n$ の値が決まれば), $A\sin k_n x = A\sin \dfrac{n\pi}{l}x$ が次のように定まります。

・$n = 1$ の場合：$A\sin k_1 x = A\sin \dfrac{\pi}{l}x$

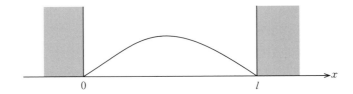

・$n = 2$ の場合：$A\sin k_2 x = A\sin \dfrac{2\pi}{l}x$

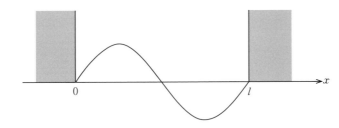

シュレーディンガー方程式から, このような波動関数 $\psi$（電子の状態を表すもの）を得られます。ところで, これは電子の何（どのような状態）を表しているのでしょう？　シュレーディンガー自身は, 波動関数 $\psi$ は実在する電子の波を表しているのだと解釈しました。しかし, 波動関数の中には "想像上の" 数（imaginary number）である虚数 $i$ が登場します。このようなものを使って表される電子の波とは, いったいどのようなもの

なのでしょう？

　そもそも，私たちが電子を観測するとき，先ほどの図のように広がった波として見えることはありません。必ず，ある一点に存在する粒子として観測されるのです。電子の波とはいったい何なのか，多くの物理学者が仮説を唱えましたが，その正体はハッキリしませんでした。

　このような状況の中で，「波動関数の確率解釈」を唱えた物理学者がいます。ドイツのマックス・ボルン（1882〜1970 年）です。ボルンは，シュレーディンガー方程式の解である波動関数 $\psi(x, t)$ が，位置 $x$ で時刻 $t$ に電子が発見される確率に関係すると考えたのです。どういうことでしょう？　具体例で考えてみます。ここに1つの箱があり，その中に1個の電子を閉じ込めるとします。このとき，電子が箱の中で波として存在するのですね。このような状態で，箱の中に仕切り板を入れたらどうなるでしょう？　このとき，箱全体に広がった電子の波は2つに分割されることになります。しかし，本当に電子が分割されたのでしょうか？

　というのは，電子はそれ以上分割できない「素粒子（そりゅうし）」であることがわかっています。電子の粒が半分に分割されることはあり得ません。それなのに，電子の波なら分割できるのでしょうか？

　ボルンは，「このときに分割されるのは，電子が発見される確率である」と考えたのです。仕切り板を入れる前，箱の中のどこかで電子が発見される確率は1（100％）です。そこへ仕切り板を入れて箱の中を2つ（A，Bとします）に分割すると，例えば電子が「A で発見される確率は 0.3（30％）」「B で発見される確率は 0.7（70％）」というようになるということです。

　このとき，箱の中の場所や時間によって電子が発見される確率は変わるのでしょうか？　これを，波動関数 $\psi(x, t)$ によって求められるとボルンは考えたのです。

　ボルンは，「位置 $x$ で時刻 $t$ に電子が発見される確率は，波動関数 $\psi(x, t)$ の絶対値の2乗に比例する」という考えを提唱しました。これが「**波動関数の確率解釈**」です。

さて，「波動関数 $\psi(x, t)$ の絶対値の 2 乗」とはどのように計算されるものなのでしょう。先ほど求めた波動関数 $\psi(x, t) = A e^{-\frac{iE_n t}{\hbar}} \sin k_n x$ の場合，次のように求められます。

$$|\psi(x, t)|^2 = |A|^2 e^{-\frac{iE_n t}{\hbar}} e^{\frac{iE_n t}{\hbar}} \sin^2 k_n x = |A|^2 \sin^2 k_n x \quad \text{❶}$$

つまり，電子が $x$ 軸上の $0 < x < l$ の範囲に閉じ込められている場合，電子が位置 $x$ で時刻 $t$ に発見される確率は $|A|^2 \sin^2 k_n x$ に比例することを，波動関数 $\psi(x, t)$ は表しているということなのです。ここから，この場合（のように，外部とのエネルギーの出入りがない定常波の場合）には電子が発見される確率は時刻 $t$ によらず，位置 $x$ だけで決まることがわかります。

・$n = 1$ の場合：$|\psi(x, t)|^2 = \dfrac{2}{l} \sin^2 \dfrac{\pi}{l} x$

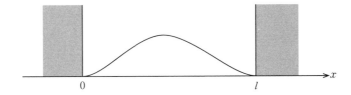

・$n = 2$ の場合：$|\psi(x, t)|^2 = \dfrac{2}{l} \sin^2 \dfrac{2\pi}{l} x$

---

❶ この場合は電子が $0 < x < l$ の範囲のどこかで必ず発見されることから，

$$\int_0^l |A|^2 \sin^2 k_n x \, dx = |A|^2 \int_0^l \frac{1 - \cos 2k_n x}{2} dx = |A|^2 \int_0^l \frac{1 - \cos \frac{2n\pi}{l} x}{2} dx$$

$$= |A|^2 \frac{l}{2} = 1 \qquad \therefore \ |A| = \sqrt{\frac{2}{l}}$$

よって，

$$|\psi(x, t)|^2 = \frac{2}{l} \sin^2 \frac{n\pi}{l} x$$

$|\psi(x, t)|^2 = |A|^2 \sin^2 k_n x$ を単位長さ当たりの確率（確率密度）と解釈して，このような計算を行うことができます。

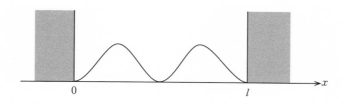

　ボルンの確率解釈を取り入れて発展させたのは，ボーアやボーアのもと
で研究を行っていた物理学者たちです。

　ボーアたちは，「電子は私たちが観測していないときにだけ波として広
がっていて，私たちが観測すると電子の波は収縮する」という考え方を提
唱しました。電子がどのような波として存在するのかを表すのが，シュ
レーディンガー方程式でした。しかし，私たちは電子を一点に存在する粒
子として観測します。それは，シュレーディンガー方程式に従って広がっ
ていた電子の波が，観測した瞬間に一点に収縮するからだと考えたわけで
す。そして，電子がどこに収縮するかは確率的に決まることであり，その
確率が波動関数によって表されるというわけです。

　電子がどこに発見されるか（どこに収縮するか）は確率的に決まると考
えるわけですが，これは「電子がどこに見つかるか，私たちには確率的に
しか**わからない**」ということではありません。「電子がどこに見つかるか
は，確率的に**決定される**のだ」という自然の摂理を表すのです。

　デンマークの首都コペンハーゲンの研究所で研究を行ったボーア及びそ
の弟子たちが提唱したこのような考え方は「**コペンハーゲン解釈**」とよば
れます。コペンハーゲン解釈は，「未来は確定しておらず，確率的に決ま
るのだ」という確率論であると言えます。でも，本当に未来は確率的に決
まるのでしょうか？

　例えば，ある向きにある速度で投げられたボールがその後どのような軌
道を描くかは，投げられた瞬間に決まっているでしょう。もちろんどのよ
うな風が吹くかといった影響を受けますが，そういったこともすべてボー
ルを投げる瞬間の周囲の条件によって決まっているはずです。ある瞬間に
ついてすべての条件が確定したら，その後に起こることは1つに決まるの

ではないでしょうか。このような考え方は，ニュートン以来の物理学の大前提でした。コペンハーゲン解釈は，このような決定論と相反するものです。そのため，簡単に受け入れられるものではなかったのです。シュレーディンガー方程式を考案したシュレーディンガー，物質波を発見したド・ブロイ，そしてかのアインシュタインもコペンハーゲン解釈に異議を唱えました。特に，アインシュタインが「神はサイコロ遊びを好まない」と言ってコペンハーゲン解釈に反論したことは有名です。

　ここまで，本書の第一のテーマである量子力学について高校物理で学ぶ範囲を中心に説明してきました。最後に登場したシュレーディンガー方程式は高校物理では学びませんが，シュレーディンガー方程式の登場によって量子力学の基礎が確立されていくことになったため簡単に紹介しました（なお，シュレーディンガー方程式が登場するまでの理論は「前期量子論」とよばれます。試行錯誤しながらミクロな世界の解明が行われた時代であり，高校物理ではここを学びます）。

　シュレーディンガー方程式が提唱されたのは，1926年のことです。量子力学はそこからさらに発展を続けてきました。そして，半導体をはじめとする私たちの暮らしに役立つ多くのものが，量子力学をもとに生み出されてきました。量子力学は，今日でも研究が続けられています。

　世界を大きく変えた量子力学について，その夜明けの頃にどのような研究が行われたのか，理解を深めていただけたら幸いです。

# 第 1 章

# 特殊相対性理論①

**1.1**

# 現代物理学[1]の片翼

## ● 量子力学と並ぶ 20 世紀の大革命「相対性理論」

　本書の第 1 部では，大学入試問題を踏まえながら量子論の特に高校物理で学ぶ範囲について概説しました。入試問題を解くことで，量子論の奥深さを実感できる部分が多々あることに気づかれたのではないでしょうか。

　第 2 部では，相対性理論を取り上げます。こちらは高校物理の範囲外ではありますが，相対性理論に関連する入試問題がいくつかありますので，それらを紹介していきます。扱う問題は 4 つですが，一通り解き進めることで相対性理論が明らかにする世界像がかなり見えてくることでしょう。相対性理論をほとんど知らない方でも，楽しみながら読んでいただけると思います。

　さて，19 世紀までに完成した物理学によって，自然界で起こる現象はすべて説明できるようになったと考えられました。しかし，そうではないことが明らかになって発展したのが量子論でした。目に見えない小さな世界（ミクロな世界）において，19 世紀までの物理学では説明できない現象がいくつも見つかったのです。これを乗り超えるものとして発展したのが量子論でした。量子論の 1 つの到達点である量子力学は，日常レベルから離れた世界の現象を解き明かしてくれる物理学なのです。

　実は，19 世紀までの物理学では正確に説明できない世界がもう 1 つあります。光速（光の速さ）に近い速さで動く世界です。光はおよそ 30 万 km/s（$3.0 \times 10^8$ m/s）という途方もない速さで進みます。私たちが日常

---

[1]相対性理論は，量子論と並んで現代物理学の片翼を担う重要な理論です。しかし，古典物理学の延長で理解できることから，最近では古典物理学とも見なされています。ですから，ちょっとわかりづらいのですが，「古典物理学」の対義語は「現代物理学」ではなくて，「量子力学」になるようです。

生活の中でこのような速さで動くことはあり得ませんので，「このような速さで動いたらどうなるのだろう？」ということが問題になることはありません。しかし，光速近くで動く世界について真剣に考えた人がいました。それが**アルベルト・アインシュタイン**（ドイツ，1879～1955年）であり，この疑問を入り口として相対性理論を築き上げたのです。すなわち，相対性理論もまた，量子論と同様に日常レベルの常識からかけ離れた世界の実像を明らかにしてくれるのです。

相対性理論が量子論と大きく異なるのは，アインシュタインがほとんど1人で築き上げたという点です。量子論の発展には多くの科学者が寄与したことを紹介してきましたが，ここからはそのようなことがありません。アインシュタインの偉大さがわかりますよね。

それでは，アインシュタインが明らかにした相対性理論の世界を覗いてみましょう！

## ● 相対性理論の土台「光速度不変の原理」

ここから相対性理論はどのようなことを私たちに教えてくれるのか見ていきますが，その前に相対性理論の土台ともいうべき考え方について説明します。「**相対性原理**」といわれるものです。

この原理自体を最初に提唱したのは，**ガリレオ・ガリレイ**（イタリア，1564～1642年）です。これは，「すべての慣性系で力学の法則が同じように成り立つ」というものです。

相対性原理は，身近な例で理解することができます。一定の速度で走っている電車の中で，次図(a)のように，ボールを真上に投げ上げてみます。するとボールは手元の同じところへ落ちてくるでしょう。これは当たり前のことのように思えますが，電車の外から見たらちょっと意外かもしれません。というのは，電車の外で地上に静止している人から見たら，"電車の中で真上に"投げ上げられたボールの初速度は，次図(b)のように見えるからです。

(a) 電車の中から見ると：鉛直投射　　　(b) 電車の外から見ると：斜方投射

　たしかに，これでは（"電車の外から見たら"）ボールは同じところ（投げ上げ位置）へは戻ってきません。ボールは，次図のように放物運動するからです。

　しかし，"電車に乗っている人から見たら"どうでしょうか？　電車に乗っている人は，電車とともに移動しています。そのため，"電車に乗っている人には"ボールが手元の同じところへ戻ってくるように見えるのです。

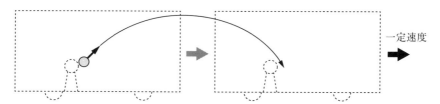

　ただし，この例には前提条件が必要です。「電車が一定速度で走っている」ことです。もしも電車が加速したり減速したりしたら，こうはいきません。例えば，ボールを投げ上げた直後に電車が急停止したら，ボールは電車の中で投げ上げた位置より前方に落下し，手元の同じところへは戻りません。

　このように，一定速度で走る電車に設定した座標系は「**慣性系**」であり，力学の法則（ここでは「真上に投げ上げたものが手元の同じところへ戻る」こと）が同じように成り立つのは慣性系に限った話なのです。

　ある物体に力がはたらかない，もしくは力がはたらいていてもつり合っ

ているとき，物体は静止，または一定速度で運動します。これは「**慣性の法則**」とよばれ，慣性の法則が成り立つのが「慣性系」です。 この場合は，地上に設定された座標系（次図 $(x, y)$）も慣性系ということになります。それに対して，（地面に対して）電車が一定速度で運動するとき，電車に設定された座標系（次図 $(x', y')$）もまた慣性系となるのです。

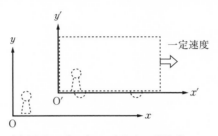

座標系 $(x, y)$，$(x', y')$ ともに慣性系

　それでは次図のように，（地面に対して）電車が加速する，すなわち速度が変化する場合はどうなるでしょう？

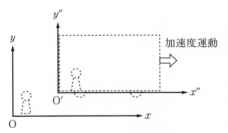

慣性系 $(x, y)$ に対して，$(x'', y')$ は非慣性系

　例えば，電車の中に置かれた荷物（荷物と床の間に摩擦がないとします）は，電車に設定された座標系では動いて見えるでしょう。この座標系では，「何も力が加わらないのに物体が動き出す」ことになるのです。つまり，慣性の法則が成り立たないということですね。このことは，ある慣性系（地上）に対して加速度をもつ座標系（加速する電車）は慣性系ではないことを示しています。このような座標系は「**非慣性系**」とよばれます。そして，**ガリレイが「力学の法則が同じように成り立つ」といったのは，「すべての慣性系」に限った話です。**

このガリレイの相対性原理を拡張して考えたのがアインシュタインです。**アインシュタインは，「すべての慣性系で，すべての物理法則が同じように成り立つ」と考えたのです。**

　19世紀には電磁気に関する研究が進み，その集大成としてマクスウェル方程式（電磁気学の法則を4つの方程式にまとめたもの）が完成されました。さらに，マクスウェル方程式の解として電磁波という波（電場と磁場の変動が空間中を伝わっていく波）が導出されました。そして，電磁波の伝わる速度が光速と一致することもわかったのです。このことから，光の正体は電磁波であることが後年になって明らかになりました。

　さて，マクスウェル方程式がすべての慣性系で同じように成り立つのなら，得られる電磁波の速さはどの慣性系でも同じということになります。すなわち，**どの慣性系で観測しても光速は一定になる**ということなのです（！）。

　これは非常に不思議なことです。というのは，物体の速度は観測する座標系によって異なるはずだからです。簡単な例としては，電車に乗っている人を同じ電車に乗った人から見れば静止して見えますが，地上に静止した人からは動いて見えるというようなことです。これが，私たちの常識的な感覚です。それなのに，光速はどのような座標系から見ても変わらないといわれたら，「本当だろうか？」と疑いたくなりますよね。

　何が正しいのか明らかにする手段は，実験しかありません。実は，座標系によって光速が変わるのかどうかを調べる実験が，アメリカのアルバート・マイケルソン（1852～1931年）とエドワード・モーリー（1838～1923年）によって1887年に行われています（**マイケルソン・モーリーの実験**）。

　マイケルソンとモーリーは，次図のような装置を用いて実験を行いました。西から東に光を進ませ，ハーフミラーという光の半分を通過，もう半分を反射させる装置で2方向に分けます。そして，分けられた光はそれぞれ鏡で反射して戻ってきて，同一の地点（図の南側）で観測されます。

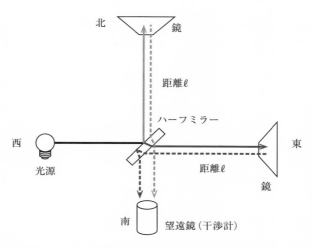

光は電磁波という波なので，簡潔には次図のように波形をイメージすることができます。

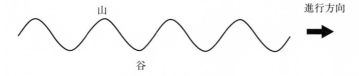

マイケルソン・モーリーの実験において，ハーフミラーで分かれてから再び合流するまでの2つの光の経路が完全に等距離だったら，合流時の状態は同じになるはずです。例えば，片方が山ならもう片方も山といった具合です（その場合，山と山が重なるので光は強め合うことになります）。ただし，2つの経路長を完全に等しくするのは困難です。そこで，次図のように装置を90°回転させます。

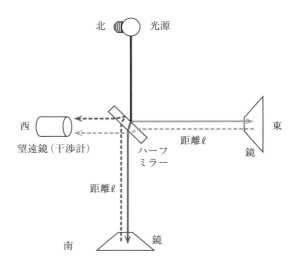

「装置を回転させても何も変わらないだろう」と思えますが，ここにこの実験のポイントがあります。たしかに，光がどの方向へも同じ速さで進むのなら，装置全体を回転させても何も変わらないはずです。しかし，これは地上で行った実験です。地球は太陽の周りを約30 km/sという速さで公転しています。すなわち，地球は宇宙空間の中を東西方向にこの速さで動いているということです。地上に設定された座標系は，宇宙空間に対して静止しているわけではないのです（もちろん自転の影響もありますが，公転に比べると小さな速度です）。よって，地上で観測したときの光速は，光が東西方向に進む場合と南北方向に進む場合とで異なることが予測されました。

　もしもこの予測が正しければ，装置を回転させて光が進む方向を変えることで，ハーフミラーで分かれた2つの光の往復時間が変わります。すると，2つの光が合流するときの重なり方（干渉の様子）に変化が生じるはずです。さて，どのような結果が得られたでしょう？

　マイケルソン・モーリーの実験からは，装置を90°回転させても2つの光の重なり方はまったく変わらないことが明らかになりました。つまり，光は東西方向，南北方向のいずれにも全く同じ速さで進むことがわかった

のです。座標系によって光速が変わることはないのです。

## ● 動くものの時間は遅れて進む（特殊相対性理論）

アインシュタインの相対性理論の出発点は，「すべての慣性系で，すべての物理法則が同じように成り立つ」という相対性原理です。ここから「すべての慣性系で光速は一定に観測される」という原理（**光速度不変の原理**）が導かれ，実験によって確かめられたというわけです。これが，相対性理論の土台となります。

相対性理論は，時間の進み方，物体の長さや質量といったものが座標系によって変わることを明らかにします。これらの不思議な事実について，これから1つずつ説明していきます。

実は「相対性理論」には，「**特殊相対性理論**」と「**一般相対性理論**」の2つがあります（以下，それぞれ「相対論」「特殊相対論」「一般相対論」と略します）。アインシュタインは1905年に特殊相対論を，1916年に一般相対論を発表しています。2つの違いは，**特殊相対論は異なる慣性系どうしの間でだけ成り立つものであるのに対し，一般相対論は非慣性系においても成り立つものである**という点にあります。慣性系でしか成り立たない方が「特殊」であり，限定された状況を考えるこちらの理論が先に確立されたわけです。

ここからしばらくは，特殊相対論の要点を説明していきます。特殊相対論は，「**動くものの時間は遅れて進む**」「**動くものの長さは縮む**」「**動くものの質量は大きくなる**」といった驚くような事実を明らかにします。どうしてこのようなことになるのでしょう？　いずれも土台は「光速度不変」にあることを頭に置きながら，順に考えてみましょう。

まずは，時間についてです。相対論は「**座標系によって時間の進み方が異なる**」ことを示します。私たちにとって，時間は誰にとっても共通であり，絶対的なものだというのが普通の感覚ではないでしょうか？　これは「**絶対時間**」とよばれ，ニュートンが初めて概念化したものといわれてい

ます❶。そして，その後に相対論が誕生するまで人々はこの考え方を常識
としてきました。

　ここで，1つの実験を考えてみましょう。一定の速度で走る電車のちょ
うど真ん中から，電車の前後（次図の両側）に向けて同時に光を発射する
という実験です。

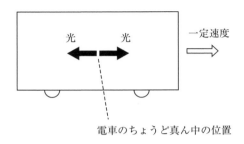

電車のちょうど真ん中の位置

　わずかな時間ののちに，光は電車の前方と後方それぞれに到達します。
さて，それは同時でしょうか？　それとも時間差が生じるのでしょうか？
　普通に考えれば，時間差があるように思えます。それは次図のように，
電車の前方は光から逃げるのに対して，後方は光に向かって近づいていく
からです。結果的に到達までに進む距離は「前方へ進む光」の方が大きく
なるため，光が前方に到達するのが後になる（到達までに進む距離は「後
方へ進む光」の方が小さくなるため，光が後方に到達するのが先になる）
と考えられます。もちろん電車の速度は光速に比べてずっと小さいでしょ
うから，その差はほんのわずかです。しかし，ほんのわずかであっても時
間差が生じるということです。この考え方は「**光速度不変**」（前方へ進む
光も後方へ進む光も，<u>**地上で静止している座標系から見て**</u>同じ速さ）が前
提となっていることに注意してください。

❶ニュートンは主著『プリンキピア』で，絶対時間の概念を導入しました。同書では，誰に
とっても共通な「**絶対空間**」という概念も登場します。こちらも相対論によって否定されるこ
とになります。

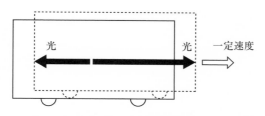

一定速度

光　　　　　　　　　光

　それでは，次は電車とともに動く座標系で考えてみましょう。この場合，光が発射された地点から前方および後方までの距離は一定で変わりません。どちらの光も前方または後方に到達するまでに同じ距離を進むのです。そして，**電車とともに動く座標系から見ても**光速は一定なのです。よって，次図のように光は前方と後方へ同時に到達することになります。

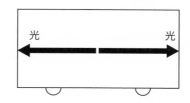

光　　　　　　　　　光

　さあ，大変です。2つの異なる結論を得てしまいました。どちらが間違っているのでしょう？

　**実は，どちらも間違ってはいません。いずれの考えも正しいのです。**「どちらかが間違い」と考えるのは，「時間は絶対的（どの座標系でも共通）である」という**思い込み**があるからです。時間は相対的なものなのですね。座標系が変われば時間の流れ方も変わるのです。だから，同一の出来事がある慣性系では「同時に起こった」と観測され，別の座標系では「同時ではない」と観測されることがあり得るのです。これは「**同時刻の相対性**」とよばれ，特殊相対論によって明らかになったことです。

　以上のように，座標系によって時間の流れ方には違いがあることがわかりました。このことについて，特殊相対論は次のように説明します。

　次図のように，慣性系1に対して慣性系2が $x$（$x'$）軸正方向へ一定速度 $v$ で動いている場合について，次の①と②のようになります。

① 慣性系1からは，慣性系2での時間の進む速さは $\sqrt{1-\beta^2}$ 倍になって

見える（$\beta = v/c$, $c$ は光速）。

②　慣性系2からも，慣性系1での時間の進む速さは $\sqrt{1-\beta^2}$ 倍になって見える。

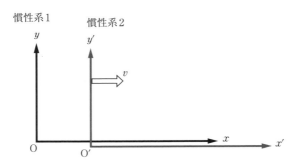

慣性系1　　慣性系2

　詳しく見てみましょう。①は，慣性系1で時間が $\Delta t$ だけ経過したとき，慣性系2では時間が $\sqrt{1-\beta^2}\cdot\Delta t$ "しか" 経過していないように**慣性系1からは**見えるということです。"しか" と述べたのは，$\sqrt{1-\beta^2}<1$ なので $\sqrt{1-\beta^2}\cdot\Delta t<\Delta t$ だからです。ある慣性系からは，別の慣性系の時間の進み方は遅くなって見えるということですね。

　②は，慣性系2から慣性系1を見たときにも同じ関係が成り立つことを述べています。すなわち，慣性系2で時間が $\Delta t$ だけ経過したとき，慣性系1では時間が $\sqrt{1-\beta^2}\cdot\Delta t$ しか経過していないように**慣性系2からは**見えるのです。慣性系2からも，慣性系1の時間は遅れて進むように見えるのです。

　「いったいどっちの方が遅れているんだ？」と思われますよね。当然の疑問なのですが，時間は**お互いに**遅れて見えるとするのが特殊相対論なのです。それなら，ある時刻で2つの慣性系の時計を突き合わせ，しばらくしてから再び突き合わせたらどちらの方が進んでいる（遅れている）のか？　という新たな疑問が生じます。しかし，**2つの慣性系の間でこのようなことをするのは不可能**なのです。異なる慣性系どうしは，互いに等速度で運動しています。そのため，例えば原点が一度重なったとして，その後に再び重なることはないのです。原点以外でも同様です。それゆえ，時

第2部　　相対性理論

計を再び突き合わせることはできないのですね。

異なる座標系にある2点が一度出会ったのちに再会するには，少なくとも片方の座標系が加速度運動する必要があります。そうなると，この座標系は慣性系ではなくなり，特殊相対論では扱えなくなります。この場合には非慣性系を扱う一般相対論で考察することになります（一般相対論からは，時間の**一方的な**遅れが導出されます）。

アインシュタインは，慣性系1でも慣性系2でも光速が一定値 $c$[1] に保たれることを担保するための必要性から，このような結論を得ました。このような関係は，異なる慣性系の時間と空間を結びつける「**ローレンツ変換**」という数学的な操作から導出されます。このことについては，のちほど詳しく説明しますが（206ページ参照），ここでは次のような思考実験で考えてみましょう。どうして時間がお互いに遅れて見えるのか，簡単に理解できます。

いま，「光時計」というものがあるとします。下側に光の発射装置と検出装置が，上側に鏡があり，光を発射してから戻ってくるまでの時間を測る装置です。これを，一定速度 $v$ で走る電車の中に鉛直に置きます。そして，光を往復させます。

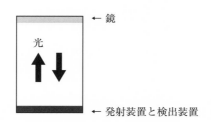

← 鏡

光

← 発射装置と検出装置

このとき，電車の中では光は鉛直方向に往復して見えます。そのため，装置の長さを $L$ とすると，光の往復時間 $t' = \dfrac{2L}{c}$ と観測されます。これが電車の中で進む時間です。

---

[1] 光速を表す量記号 $c$ は，ラテン語で「速さ」を意味する celeritas（ケレリタス）の頭文字に由来するようです。

それでは，これを地上に静止した人から見るとどうなるでしょう？　光は，次図のように往復して見えるはずです[1]。

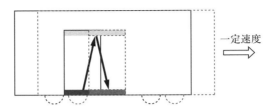

このとき，光は往復する間に $2L$ よりも長い距離を進むことがわかります。地上から見た光の往復時間を $t$ とすると，次図で $\frac{1}{2}\sqrt{c^2-v^2}\cdot t=L$ であることから，$t=\frac{2L}{\sqrt{c^2-v^2}}$ と求められます。これが電車の外から見た光の進む時間です。

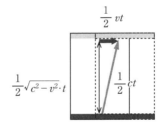

以上のことから，地上で $\frac{2L}{\sqrt{c^2-v^2}}$ だけ時間が経過する間に，電車の中では $\frac{2L}{c}\left(<\frac{2L}{\sqrt{c^2-v^2}}\right)$ しか時間が経過しないことがわかるのです。すなわち，動くものの時間が遅れて進むことが示されています。そして，電車の中と外における往復時間 $t'$ と $t$ の関係が次のようになることがわかります。

[1] 光は地上から見ても鉛直方向に進んで見えると思う人もいるかもしれませんが，ここでは「電車内で鉛直方向に動いて見える」光を考えていることから，地上からは上図のように見えると理解してください。光の発射装置の動きの影響で光がこのような向きに発射される，というイメージです。

$$t' = \frac{\sqrt{c^2 - v^2}}{c} t = \sqrt{1 - \beta^2} \cdot t \quad \left(\beta = \frac{v}{c}\right)$$

## ● 動くものの長さは縮む（特殊相対性理論）

　続いて，動くものの長さが縮むことが特殊相対論からどのように導出されるのか説明します。いま，全長 40 万 km のトンネルがあり，その中を 24 万 km/s という猛スピードで通過する車があると考えましょう（もちろんこれも思考実験です）。この状況は，次図の(a)と(b)に分けて考えられます。さて，車がトンネルを通過するまでに，<u>車の中では</u>どれだけ時間が経過するでしょう？

車に乗った人からは
トンネルが秒速24万kmで動いて見える

(a) 車の中から見たとき，トンネルは 24 万 km/s で近づいてくる

車が秒速24万kmで動いて見える

(b) 車の外から見たとき，車は 24 万 km/s でトンネルに近づく

　(a), (b)のいずれの視点で考えても，$\left(\dfrac{40万\,km}{24万\,km/s} =\right) \dfrac{5}{3}$ s だろうと思われるかもしれませんが，そうはなりません。というのは，<u>地上に静止している人から見たら</u>車の中の時間は遅れて進むからです。地上に静止した人からは，車の中の時間の進む速さの倍率は次のように計算できます。

$$\sqrt{1-\beta^2}=\sqrt{1-\left(\frac{v}{c}\right)^2}\fallingdotseq\sqrt{1-\left(\frac{240000}{300000}\right)^2}=\sqrt{1-\left(\frac{4}{5}\right)^2}$$

$$=\sqrt{\frac{3^2}{5^2}}=\frac{3}{5}\text{（倍）}$$

よって，地上に静止した人からは，車がトンネルを通過するのにかかる時間は，$\left(\frac{5}{3}\times\frac{3}{5}=\right)$ 1 s に見えるのです（(b)の場合）。

さて，この状況を**車の中から**見たらどうなるでしょう（(a)の場合）？先ほどの考察から，車に時計が置かれていれば，その時計で測ってちょうど1s経過する間にトンネルを通過したことがわかります。ところが，車の中から見たら車の中の時間の進み方が変化するはずがありません。だから，トンネルを通過するのにかかる時間は$\left(\frac{40万\,\mathrm{km}}{24万\,\mathrm{km/s}}=\right)\frac{5}{3}$ s となるはずです。しかし，それでは矛盾してしまいます。車の中でもトンネルを通過するのにかかる時間は1sとなるはずなのです。

**動くものの長さが縮んで見えることがわかると，この謎が解けます。**地上に静止した人には，トンネルは静止して見えます。それに対して，**車の中からはトンネルは動いて見える**のです。そのため車の中からは，次図のようにトンネルが縮んで見えることになります。

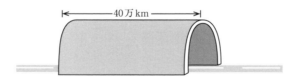

（a）車の外から見ると，トンネルは静止しており長さは変わらない

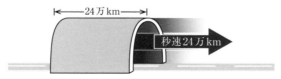

（b）車の中から見ると，トンネルは動いているため縮む

この縮みの度合いは，次のように求められます（時間の進み方の違いと

同様に，ローレンツ変換から得られる結論です）。

　次図のように，慣性系 1 に対して $x$ 軸正方向へ一定速度 $v$ で動いている物体について，慣性系 1 からは，物体の $x$ 軸方向の長さが $\sqrt{1-\beta^2}$ 倍になって見えます（$\beta=v/c$）。

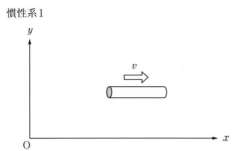

　車の中からは，トンネルが 24 万 km/s で動いて見えるので，トンネルの長さの倍率は，

$$\sqrt{1-\beta^2}=\sqrt{1-\left(\frac{v}{c}\right)^2}\fallingdotseq\sqrt{1-\left(\frac{240000}{300000}\right)^2}=\frac{3}{5}\ (倍)$$

となり，トンネルの長さは $\left(40万\,\mathrm{km}\times\dfrac{3}{5}=\right) 24$ 万 km に見えるのですね。

そのため，24 万 km/s で進む車は，$\left(\dfrac{24万\,\mathrm{km}}{24万\,\mathrm{km/s}}=\right) 1\,\mathrm{s}$ でトンネルを通過することになるのです。このような思考実験から，動いているものの長さが縮むことを理解することができます。

# ドップラー効果と特殊相対性理論

　前節では，特殊相対論の概要を説明しました。本当はもう少し説明しなければならないこと（「動くものの質量は大きくなる」こと等）がありますが，ひとまず，ここで1つ入試問題を見てみたいと思います。一見矛盾が生じるように思える状況を考察し，特殊相対論を考慮することで矛盾が解消できることがわかる面白い問題です。これは，1995年度（平成7年度）に東北大学の入試で出題されたものです。

**Lead**

　波動現象は物理学で重要な役割を果たしている。波動に関する下記の文中の空欄　ア　から　コ　に当てはまる式または数値を答えよ。数値計算の答えは有効数字2桁まで求めよ。

　この問題のテーマは波動現象です。あらかじめ問題の構成を説明しておくと，まず小問(1)〜(3)で音波に生じるドップラー効果❶について考えます。そして小問(4)で，(1)〜(3)で求めたドップラー効果の式を，電磁波である光に当てはめて考えます。ところが，「観測者が異なっても光速は等しく観測される」ことを前提とすると，辻褄が合わない事態が生じてしまいます。そこで，特殊相対論を考慮します。すると，この矛盾が解消されることになり，特殊相対論の妥当性を確かめられるという流れになっています。

---

❶ドップラー効果とは，音波の振動数が音源から送り出されたときとは異なって聞こえる現象のことです。音源が動くと送り出された音波の波長が変化するので，その結果，観測者に聞こえる音波の振動数が変化します。また，観測者が動くことでも聞こえる音波の振動数は変化します。

それでは，さっそく問題を解いていきましょう。

---

**(1)** 風のないおだやかな日，岸辺に立っている K 君に向かって，M さんの乗った船がまっすぐ一定の速度 $v$ [m/s] で近づいてくる。船のスピーカーの出す振動数 $f$ [Hz] の音が K 君にどのように聞こえるかを次のように考えよう。ただし，音速を $V$ [m/s] とする。

　船のスピーカーから出る音波の波形は，1 秒当たり ア 個の山をもっている。ある時刻に発生した山 P と，その 1 秒後に発生した山 Q に注目する。P が K 君に到達して 1 秒後には，Q は K 君を イ [m] 通り過ぎている。よって，Q はこれより ウ [s] 前にすでに K 君に届いている。つまり，スピーカーから 1 秒間に発生する ア 個の山は，K 君には エ [s] の間に届いたことになる。したがって，K 君に聞こえる音の振動数は $f' =$ オ [Hz] となる。

---

　スピーカーの出す振動数は，スピーカーが「単位時間に送り出す波の個数」を表します。そして，「1 個の波」は右図のように表され，1 個（1 波長）の波には 1 個の山があります。よって，船のスピーカー（波源）から 1 秒当たりに送り出される音波の波形の中に

山

谷

は **(答)** $f$ 個の山があるとわかります。ここで，スピーカーが静止している場合には，1 秒間に送り出される音波の様子は次図のようになります。

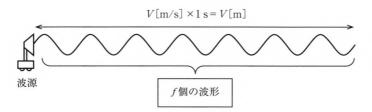

$V$ [m/s] ×1 s = $V$ [m]

波源

$f$ 個の波形

これに対して、スピーカー（音源）が観測者（K 君）に向かって速さ $v$ [m/s] で近づく場合、観測者に向かう音波の波形は、次図のように縮むことになります。これは、送り出された音波の進む速さは、音源の動きには無関係だからです。

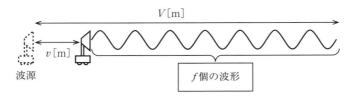

この図から、スピーカーが動くことで、観測者（K 君）に向かう音波の山と山の間隔（波長）は $\dfrac{V-v}{f}$ [m] になることがわかりますよね。よって、山 P が K 君に達した瞬間、山 Q は K 君から $V-v$ [m] だけ離れたところにあります。そして、その後の 1 秒間で Q は $V$ [m] だけ進むので、K 君を通り過ぎている距離は、

$$V-(V-v)=\boldsymbol{v}\,[\mathbf{m}] \quad \cdots\cdots\,(\textbf{答})$$

$V$ [m/s] で進む Q が $v$ [m] 進むのにかかる時間は (**答**) $\dfrac{\boldsymbol{v}}{\boldsymbol{V}}$ [s] であり、Q はこれだけ前にすでに K 君に届いているわけです。

以上を整理すると、次図のようになります。

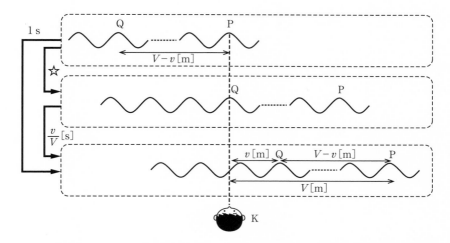

この図から，$f$ 個の波形が K 君を通過する（図中の☆印）のに（**答**）

$1-\dfrac{v}{V}$ [s] かかることがわかります。

　以上のことから，K 君に聞こえる音の振動数（1 s 間に聞こえる音波の

数）が求められます。K 君には $1-\dfrac{v}{V}$ [s] の間に $f$ 個の音波が届くので，

1 s 間に届く音波の数は，

$$\dfrac{f}{1-\dfrac{v}{V}}=\dfrac{V}{V-v}f\ （個）$$

したがって，K 君に聞こえる音の振動数 $f'$ は次式で表されます[1]。

$$f'=\dfrac{V}{V-v}f\ [\mathbf{Hz}]\ \ \cdots\cdots（\mathbf{答}）$$

---

[1] このように求められた $f'$ の式は，高校物理の教科書にも公式として載っています。深く考え
させるためにこのような設問の設定がなされたのだと思いますが，簡潔に次のように求めるこ
ともできます。
　前ページの図から，音源（スピーカー）が動くことで $V-v$ [m] の中に $f$ 個の音波が含まれ
るようになることがわかる。そして，1 s 間に観測者（K 君）に $V$ [m] の音波が届く。この中
には $f\times\dfrac{V}{V-v}=\dfrac{V}{V-v}f\ （個）$ の波が含まれており，これが観測者に聞こえる振動数となる。

(2)　今度は，K君のもっているラジオから出た振動数 $f$[Hz]の音が M さんにどう聞こえるかを考える。ある時刻 $T$ に M さんに到達した山を R，その 1 秒後に到達した山を S とする。時刻 $T$ に M さんがいた位置に止まっている観測者がいたとすると，この観測者に S が到達するのは時刻 $T$ より｜　カ　｜[s]後である。この観測者にはラジオから発生した音がそのままの振動数で聞こえるはずなので，M さんに聞こえる音の振動数は $f'' = $ ｜　キ　｜[Hz]である。

　小問(1)では，船のスピーカーから送り出された音波を K 君が聞くことについて考えました。小問(2)では，K 君のラジオから送り出された音波を船に乗った M さんが聞くことを考えます。

　ラジオは静止しているので，次図のように，送り出される音波には何も変化が生じません。

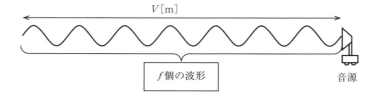

$V$[m]

$f$個の波形

音源

　そして，設問で示された状況は次図のように整理できます。

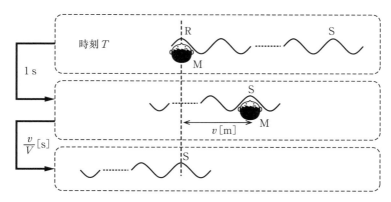

時刻 $T$

R

S

M

1 s

S

M

$v$[m]

$\frac{v}{V}$[s]

S

この図から，求める時間は次のようにわかります。

$$1+\frac{v}{V}=\frac{V+v}{V}\,[\mathrm{s}]\quad\cdots\cdots\,（\textbf{答}）$$

このとき，M さんに 1 s 間に届く音波の数と，時刻 $T$ に M さんがいた位置で止まっている観測者（N さんとします）に $\frac{V+v}{V}\,[\mathrm{s}]$ 間に届く音波の数が等しいことがわかります。N さんは振動数 $f\,[\mathrm{Hz}]$ の音を聞くことから，$\frac{V+v}{V}\,[\mathrm{s}]$ 間に届く音波の数は，

$$f\times\frac{V+v}{V}=\frac{V+v}{V}f\ （個）$$

そして，次図のように M さんはこれを 1 s 間で聞くので，M さんに聞こえる音の振動数 $f''$ は次式で表されます❶。

$$f''=\frac{V+v}{V}f\,[\textbf{Hz}]\quad\cdots\cdots\,（\textbf{答}）$$

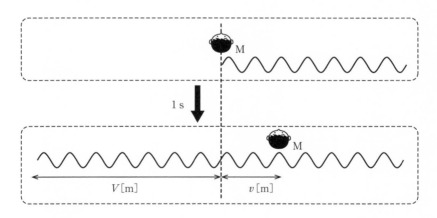

---

❶ $f''$ の式も高校物理の教科書にも載っている公式で，次のように簡潔に求めることもできます。

　観測者が静止していれば，観測者には 1 s 間に $V\,[\mathrm{m}]$ の音波が届き，その中には $f$ 個の音波が含まれている。そして，観測者が $v\,[\mathrm{m/s}]$ で音源に近づくため，観測者には 1 s 間に $V+v\,[\mathrm{m}]$ の音波が届くようになる。その中には $f\times\frac{V+v}{V}=\frac{V+v}{V}f$ （個）の音波が含まれており，これが観測者に聞こえる振動数となる。

> **(3)** 小問(1)で考えた，船から出た音をK君が聞く場合をMさんの立
> 場で考えよう。Mさんにとっては，K君が速度 $v$[m/s]でまっすぐ
> 近づいてくるように見える。これは，(2)で，MさんとK君の立場
> をちょうど入れかえたことになっている。(1)の答えを求めるのに，
> (2)で求めた結果がそのまま使えると一見思える。ところが，$f'$ と
> $f''$ は等しくない。これは，Mさんが空気に対して動いているため，
> Mさんにとっての見かけの音速 $V'$[m/s]が $V$ と異なっていると考
> えれば理解でき，この2つの間の関係は $V'=$ ［ク］となる。

この設問では，(1)の状況をMさんの立場で考えます。Mさんは，K君
の方に向けて発せられた音波を追いかけていくことになります。そのた
め，Mさんには音波の速さが $V'=$ **(答) $V-v$ [m/s]** となって見えます。

**(1) の様子：K君の視点から**

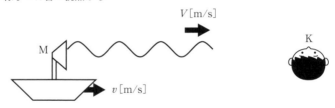

**(1) の様子：Mさんの視点から**

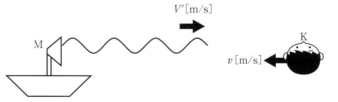

(1)の状況は，Mさんの視点からは，(2)と同じように観測者が音源に向
かって近づいているように見えます。よって，(2)で求めた式を使えるわけ
ですが，このとき音速を $V'$ とする必要があります。そして，次のよう
に，(2)で求めた式を使って(1)で求めた $f'$ が導出されるのです。

$$f' = \frac{V'+v}{V'}f = \frac{(V-v)+v}{V-v}f = \frac{V}{V-v}f$$

　このように見かけの音速が変わることに注意すれば，(1)と(2)の異なる状況について，観測者に聞こえる振動数を同じ形の式を使って求められることがわかりました。

---

(4)　宇宙人の住む天体 X が地球に向かってまっすぐ速度 $v$ [m/s] で接近している。この天体から地球に向けて発射された光が地球上で観測された。天体 X では振動数 $f$ [Hz] の光を発射したとしよう。光は，光速 $c$ [m/s] で伝わるので，地球で測定される振動数 $f_1$ [Hz] は(1)の $f'$ の式で $V$ を $c$ におきかえたものである。

　　さて，天体 X からこの過程をみるとどうなるだろうか。宇宙人にとっては，逆に地球が速度 $v$ [m/s] で天体 X に近づいてくるように見える。天体 X でこの光の速度が $c'$ [m/s] であったとすると，地球での振動数 $f_2$ [Hz] は(3)と同様に考えて(2)の $f''$ の式で $V$ を $c'$ におきかえたものとなることがわかる。

　　この2つは同じ現象を違う立場からみたものなので，結果は等しいはずであり，そのためには(3)の結論と同様に $c'$ と $c$ は異なる値でなければならない。ところが，天体 X でも光速は地球と同じ値であることが判明した。この矛盾を説明できる可能性として次のような仮説をたてる。

　　　　地球人からみると，地球上で時間が1秒経過する間に，地球に対して速度 $v$ [m/s] で運動している天体 X 上では $k$ 秒が経過する。

　　すると，地球の1秒間に天体 X から発射される光の波形がもつ山の数は $f$ ではなくその $k$ 倍になるので，$f_1$ も $k$ 倍しなければなら

ない。

　もし，物理法則が地球と天体 X とで異ならないならば，同様に次の仮説が成立するはずである。

　　　宇宙人からみると，天体 X 上で時間が 1 秒経過する間に，天体 X に対して速度 $v$ [m/s] で運動している地球上では $k$ 秒が経過する。

　この仮説を用いると，$f_2$ は 　ケ　 倍されなければならない。このとき，$f_1$ と $f_2$ が等しいためには，$k=$ 　コ　 であればよい。これは，アインシュタインの特殊相対性理論から導かれる結論そのものである。

　ここまで，音の振動数について考えてきました。本題となる設問(5)では，これを光に当てはめて考えてみます。考えるのは，次図のような状況において地球上で観測される光の振動数です。

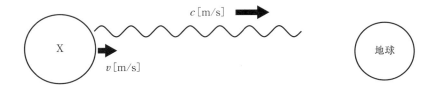

　まずは，地球の視点で考えてみましょう。このとき，光源である天体 X が $v$ [m/s] で近づいてきて，光は $c$ [m/s] で伝わってきます。これは，設問(1)で考えたのと同じ状況なので，(1)で求めた式を使って，地球で測定される光の振動数 $f_1$ [Hz] が次のように表されます。

$$f_1 = \frac{c}{c-v} f$$

　次に，天体 X の視点で考えます。この場合は，光源（天体 X）が動いているのではなく観測者である地球が $v$ [m/s] で天体に近づいていくよう

に見えます。つまり，小問(2)で考えたのと同じ状況ということになります。よって，(2)で求めた式を使って，地球で測定される光の振動数 $f_2$[Hz] が次式のように表されます。

$$f_2 = \frac{c'+v}{c'}f$$

さて，問題文でも示されている通り，$f_1$ と $f_2$ は一致するはずです。ところが，連立して $c$ について解いてみると……，

$$f_1 = f_2 \quad \rightarrow \quad \frac{c}{c-v}f = \frac{c'+v}{c'}f \quad \rightarrow \quad 1+\frac{v}{c-v} = 1+\frac{v}{c'}$$

$$\therefore \quad c' = c-v$$

この $c'=c-v$ という関係（(3)で求めた $V'=V-v$ に対応）では，$c \neq c'$ となってしまいます。しかし，光速は天体 X でも地球でも同じ値だと問題文に書かれています。これは，まさに相対性理論の土台である光速度不変を表しているわけです。

では，この矛盾はどのように解消できるのでしょう？ 問題では「仮説」とされていますが，示されているのは「時間の進み方は相対的である」ということです。地球から見て動いている天体 X では時間が遅れて進みますし，逆に，天体 X から見て動いている地球でも時間が遅れて進むのです。お互いに時間が遅れて進むというのが，特殊相対論が明らかにした事実です。このことを考慮して考えてみましょう。

まず，地球の視点で考えてみます。地球から見て速さ $v$[m/s] で動いている天体 X では，時間の進む速さが $k$ 倍になって見えるとします。これは，地球上で 1s 経過する間に天体 X では $k$ 秒しか経過しておらず，そのため地球で 1s 経過する間に天体 X から送り出される波（光の波形）は $kf$ 個となることを示しています。よって，地球で観測される光の振動数 $f_1'$ は，正しくは先ほど求めた $f_1$ で $f$ を $kf$ に置き換えた式 $\left(f_1' = \dfrac{kc}{c-v}f\right)$ で表されるわけです。

次に，天体 X の視点で考えてみましょう。この場合も，天体 X から見

て速さ $v$ [m/s] で動いている地球では時間の進む速さが $k$ 倍になって見えるとします。これは、天体 X で 1 s 経過する間に、地球では $k$ 秒しか経過していないことを示します。そのため、先ほど求めた $f_2$ は正しくは地球上で $k$ 秒経過する間に観測される波（光の波形）の数を表しているのだとわかります。地球上で 1 s 間に観測される波の数（＝振動数）は、$f_2$ の

**(答)** $\dfrac{1}{k}$ 倍なのです。よって、地球で観測される光の振動数 $f_2{}'$ は、

$$f_2{}' = \frac{c'+v}{kc'}f = \frac{c+v}{kc}f$$

そして、このようにして求められた $f_1{}'$ と $f_2{}'$ は一致するはずです。すなわち、$k$ は次のように求められます。

$$f_1{}' = f_2{}' \quad \rightarrow \quad \frac{kc}{c-v}f = \frac{c+v}{kc}f \quad \rightarrow \quad (kc)^2 = c^2 - v^2$$

$$\therefore \quad k = \sqrt{1 - \left(\frac{v}{c}\right)^2} \quad \cdots\cdots \text{(答)}$$

どうでしょう？ この結果は、特殊相対論が明らかにした時間の遅れの度合いそのものですね！

なお、問題文中の「物理法則が地球と天体 X とで異ならないならば」というのは、まさに相対性原理を示しています。相対性原理に基づいた特殊相対論を用いて考察することで、実際の現象を矛盾なく説明できるようになることがわかる、とても面白い問題でした。

# 第2章

# 特殊相対性理論②

2.1 核分裂反応：質量とエネルギーの等価性

## 2.1

# 核分裂反応：質量とエネルギーの等価性

## ● 動くものの質量は大きくなる（特殊相対性理論）

　第1章では，特殊相対論が明らかにする「時間の遅れ」と「長さの縮み」を説明しました。特殊相対論はさらに，「**動くものの質量は大きくなる**」ことを明らかにしています。本章では，このことについて説明します。

　特殊相対論は，「光速度不変」を土台とします。これは，光の速度はどのような慣性系から見ても変わらないことを示すと同時に，光の速度は光源によって変わることがないことも示しています。仮に光速で動く光源があったとして，そこから放射された光も光速で伝わっていくことになるわけですね。

　このことは，物体の加速には限界があることを示唆しています。つまり，何かに長い間どんなに大きな力を加えて加速しても，光速を超えさせることはできないということです。**たとえ物体の速度を光速近くまで大きくできたとしても，光速は絶対に超えられない**とするのが特殊相対論なのです。

　しかし，これは不可解なことです。ニュートンの運動方程式 $ma=F$（$m$：物体の質量，$a$：加速度の大きさ，$F$：力の大きさ）からは，物体に力を加えれば加えるほど加速されることがわかります。それなのに，どうして加速に限界があるのでしょう？

　「**物体に力 $F$ が加えられると物体に加速度 $a$ が生じるだけでなく，物体の質量 $m$ が大きくなるからだ**」というのがその答えです。実は物体の質量は一定ではなく，物体の速さによって変化するものなのです。これも私たちの感覚からは容易に理解できないことですが，特殊相対論が明らかにした事実です。私たちは，物体の質量は動いているときも止まっていると

きも変わらないと感じています。しかしそれは，日常レベルでは物体が動いたとしてもその速さが光速に比べてはるかに小さく，質量変化が非常に微小だから気づかないだけなのです。

それではここから，物体が動くことでどのように質量が変化するのかを説明していきましょう。このことを理解するには，まずは「**物体の質量は，エネルギーが大きいときほど大きくなる**」ことを理解する必要があります。具体的には，物体のエネルギーが $\Delta E$ [J] 増加することで，物体の質量が $\Delta m$ [kg] 増加するとすると，光速を $c$（$\fallingdotseq 3.0 \times 10^8$ m/s）として次式の関係が成り立ちます。

$$\Delta E = \Delta mc^2$$

例えば，物体のエネルギーが $1.0$ J[1] 増加したときの物体の質量増加を計算してみると，

$$\Delta m = \frac{\Delta E}{c^2} = \frac{1.0}{(3.0 \times 10^8)^2} \fallingdotseq 1.1 \times 10^{-17} \text{ kg}$$

このように，日常レベルでの質量変化はごくごくわずかであることがわかりますよね。

## ● エネルギーと質量の関係式の導出

この関係式（$\Delta E = \Delta mc^2$）を特殊相対論から導出してみましょう。

慣性系 1 に対して静止した質量 $m$ の物体があり，次図のように正反対の 2 方向から振動数 $\nu$ の光子（光の粒子）が 1 個ずつ物体にぶつかり吸収される状況を考えます。

---

[1]小さいリンゴ（約 100 g）を 1.0 m 持ち上げるのに必要な仕事（エネルギー）がだいたい 1.0 J だとイメージできます（$0.100$ kg $\times 9.8$ m/s$^2 \times 1.0$ m $\fallingdotseq 1.0$ J）。

まず，この状況を慣性系1から考えてみます。光子は運動量をもちますが，逆向きで大きさが等しいため，運動量保存の法則から物体は光子を吸収した後も静止したままです。ただし，光子はそれぞれ $h\nu$ のエネルギーをもつため，物体は $2h\nu$（$=\Delta E$ とする）のエネルギーを吸収することになります。

　次に同じ状況を，慣性系1に対して下向きに一定速度 $v$ で動く慣性系2で考えてみます（慣性系2からは，物体は上向きに速度 $v$ で動いて見えます。また，光も上向きに大きさ $v$ の速度成分をもつように見えます）。

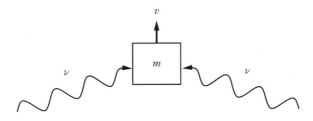

　このとき，光速度不変なので光子の速さは $c$ のまま変わらず，次図のように2つの成分に分解できます。

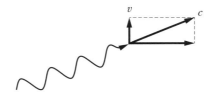

　光子は大きさ $\dfrac{h\nu}{c}$ の運動量をもつので，図の上向きの成分の大きさは，

$$\frac{h\nu}{c} \times \frac{v}{c} = \frac{h\nu v}{c^2}$$

　そのため，運動量保存の法則から2個の光子を吸収した後の物体の運動量は，図の上向きに $\dfrac{2h\nu v}{c^2}$ だけ増加します[●]。

　ところが，慣性系1から見て，光子を吸収しても物体の速度は0（ゼ

ロ）のまま変わらないことから，慣性系2で見ても，物体の速度は$v$のまま変わらないはずです。つまり，物体の速度は変わらないのに物体の運動量が増えることになり，これは物体の質量が増加することを示しています。物体の質量増加を$\Delta m$とすると運動量の増加は$\Delta m \cdot v$と表せるので，次式の関係が成り立つのです。

$$\Delta m \cdot v = \frac{2h\nu v}{c^2} \quad \rightarrow \quad \Delta m = \frac{2h\nu}{c^2}$$

さらに，$\Delta E = 2h\nu$なので，

$$\Delta m = \frac{\Delta E}{c^2} \quad \therefore \quad \Delta E = \Delta m c^2$$

このようにエネルギーと質量の関係式が導かれ，物体にエネルギーを与えるとその質量が増加することがわかりました。物体が動いているときには，静止しているときにはもっていなかった「運動エネルギー」が生じます。そのため，動いている物体の質量が大きくなるわけです。

それでは，具体的にどのくらいの速さで動いたら，どのくらい物体の質量は変わるのでしょう？

このことも特殊相対論から知ることができます。静止しているときの質量が$m_0$の物体が速さ$v$で動いているとき，その物体の質量$m$は次式で表されます。

$$m = \frac{m_0}{\sqrt{1 - \left(\dfrac{v}{c}\right)^2}} \quad \cdots\cdots (\text{a})$$

日常レベルでは$v \ll c$であるため$m \fallingdotseq m_0$であり，問題になるような質量の変化は起こりません。しかし例えば，$v = \dfrac{9}{10}c$ならどうでしょう？

$$m = \frac{m_0}{\sqrt{1 - \left(\dfrac{9}{10}\right)^2}} = \frac{10}{\sqrt{19}} m_0 \fallingdotseq 2.3 m_0$$

---

❶「運動量保存の法則」が慣性系1でも慣性系2でも同じように成り立つという相対性原理を利用しています。

このように質量が2倍以上に大きくなります。光速に近い速さ $v=\dfrac{99}{100}c$ では、さらにずっと大きい質量になります。

$$m=\frac{m_0}{\sqrt{1-\left(\dfrac{99}{100}\right)^2}}=\frac{100}{\sqrt{199}}m_0 \fallingdotseq 7.1m_0$$

ここで、どのように前ページの(a)式が特殊相対論から導出されるかを説明しましょうが。

速さ $v$ で動く質量 $m$ の物体は、エネルギー $E=mc^2$ をもちます。この物体が大きさ $F$ の力を物体の速度と同じ向きに受けてエネルギーが変化するとき、単位時間のエネルギー変化 $\dfrac{\mathrm{d}E}{\mathrm{d}t}$ は力の仕事率 $Fv$ と等しくなります。また、$\dfrac{\mathrm{d}E}{\mathrm{d}t}=c^2\dfrac{\mathrm{d}m}{\mathrm{d}t}$ の関係が成り立つことから、

$$c^2\frac{\mathrm{d}m}{\mathrm{d}t}=Fv$$

この式の両辺に $2m$ をかけて、$F=\dfrac{\mathrm{d}(mv)}{\mathrm{d}t}$（単位時間当たりの運動量の変化）であることから、

$$c^2\cdot 2m\frac{\mathrm{d}m}{\mathrm{d}t}=2mv\frac{\mathrm{d}(mv)}{\mathrm{d}t}$$

ここで、$2m\dfrac{\mathrm{d}m}{\mathrm{d}t}=\dfrac{\mathrm{d}m^2}{\mathrm{d}t}$、$2mv\dfrac{\mathrm{d}(mv)}{\mathrm{d}t}=\dfrac{\mathrm{d}(mv)^2}{\mathrm{d}t}$ であることから、次のように両辺を $t$ で積分して、

$$\int c^2\cdot 2m\frac{\mathrm{d}m}{\mathrm{d}t}\mathrm{d}t=\int 2mv\frac{\mathrm{d}(mv)}{\mathrm{d}t}\mathrm{d}t \text{ より、 } m^2c^2=(mv)^2+m_0{}^2c^2$$

（$m_0{}^2c^2$：$v=0$ のときに $m=m_0$ であることから求められる積分定数）

そして、これを整理すると次式が導出できます。

$$m=\frac{m_0}{\sqrt{1-\left(\dfrac{v}{c}\right)^2}} \quad \cdots\cdots (\text{a})（再掲）$$

さて，$v \ll c$ の場合について，この式を変形してみましょう。$\dfrac{v}{c} \ll 1$ であれば，$|x| \ll 1$ のときに成り立つ近似式 $(1+x)^n \fallingdotseq 1+nx$ を使って，

$$m = \frac{m_0}{\sqrt{1 - \left(\dfrac{v}{c}\right)^2}} = \left\{1 - \left(\frac{v}{c}\right)^2\right\}^{-\frac{1}{2}} m_0 \fallingdotseq \left[1 + \left(-\frac{1}{2}\right)\left\{-\left(\frac{v}{c}\right)^2\right\}\right] m_0$$

$$= \left\{1 + \frac{1}{2}\left(\frac{v}{c}\right)^2\right\} m_0$$

よって，物体のエネルギー $E$ は，

$$E = mc^2 \fallingdotseq \left\{1 + \frac{1}{2}\left(\frac{v}{c}\right)^2\right\} m_0 c^2 = m_0 c^2 + \frac{1}{2} m_0 v^2$$

このように，物体のエネルギー $E$ は2つの項に分けて表されます。1つめの項（$m_0 c^2$）は「**静止エネルギー**」[1]とよばれ，静止しているとき（物体の質量は $m_0$）の物体のエネルギーを表します。動いていなくても，質量という形で物体はエネルギーをもっているのです。

そして，2つめの項 $\frac{1}{2} m_0 v^2$ は物体の「**運動エネルギー**」を表すことがわかりますよね。特殊相対論によって，物体の運動エネルギーが増加することと物体の質量が増加することを繋げて理解できるようになるのです。

さて，物体のエネルギーが変化すると，質量が変化することがわかりました。ここまでは，おもに物体のエネルギーが増加して質量が大きくなる状況を考えましたが，もちろん物体のエネルギーが減少すれば質量は小さくなります。これを「**質量欠損**」[2]といい，物体は質量を減らしながらエネルギーを放出することがあります。

$\Delta E = \Delta m c^2$ の関係式から，わずかな質量が膨大なエネルギーへと転じることがわかります。その代表例が「**核分裂反応**」です。これは，原子核

---

[1] 静止しているときの物体の質量を「**静止質量**」といい，また，「静止エネルギー」を「**質量エネルギー**」ともいいます。
[2] 原子核の質量は，ばらばらである核子（陽子と中性子）の質量の総和より小さく，この質量差を「質量欠損」といいます。

に中性子がぶつかることで原子核が2個以上の小さい原子核に分裂する現象です。このとき，原子核はわずかに質量を減らします。そして，同時に膨大なエネルギーを放出するのです。原子力発電は，このエネルギーを利用したものです。

## ● ウランの核分裂で生じるエネルギー

ここで，核分裂反応によって生み出されるエネルギーを具体的に考察する問題を解いてみましょう。これは，2018（平成30）年度に筑波大学の入試で出題されたものです。

---

ウランは核分裂反応に伴い，その質量欠損に応じたエネルギーを放出する。1個のウラン原子核の核分裂反応に伴って放出されたエネルギーが200 MeV のとき，その質量の何%がエネルギーとなって放出されたか。最も近い数字を表から選べ。ここで，光速を $3.0×10^8$ m/s，ウラン原子核の質量を 235 u とする。なお，1 eV＝$1.6×10^{-19}$ J，1 u＝$1.7×10^{-27}$ kg❶ とする。

| 100 | 10 | 1 | 0.1 | 0.01 | 0.001 | 0.0001 |
|-----|----|----|-----|------|-------|--------|

---

ウラン（$_{92}$U）は，実際に原子力発電で使われている物質です。ウランには質量数235の $^{235}$U と質量数238の $^{238}$U があり，核分裂を起こすのは $^{235}$U です。天然に存在するウランの中に $^{235}$U はわずか0.7%ほどしか含まれておらず，原子力発電ではこれを濃縮して原子燃料（核燃料）として使用しています。

---

❶原子の質量は，炭素（$^{12}$C）原子の質量の $\frac{1}{12}$ を基準単位として測ることがあります。これを原子質量単位といい，単位記号は [u] を使います。

$^{235}$U が中性子（$^1_0$n の記号で表します）を吸収すると，次式のようにウランの原子核が 2 個に分裂します（ただし，この反応は一例で実際にはいろいろなパターンで分裂します）。

$$^{235}_{92}\text{U} + ^1_0\text{n} \quad \rightarrow \quad ^{144}_{56}\text{Ba} + ^{89}_{36}\text{Kr} + 3^1_0\text{n}$$

このような核分裂に伴い，中性子が発生します。これが次の核分裂反応を起こし，反応が連鎖的に続いていく状態は「**連鎖反応**」とよばれます。原子力発電運転時には連鎖反応の状態を維持します。

さて，1 個の $^{235}$U 原子が核分裂すると 200 MeV のエネルギーが放出されると問題文には示されています。例えば $^{235}$U の量を 1 kg とすると，その中には $^{235}$U の原子核は $2.6 \times 10^{24}$ 個ほど❷も含まれており，すべて核分裂すると放出されるエネルギーは次のように計算できます。

$$200 \times 2.6 \times 10^{24} \fallingdotseq 5.2 \times 10^{26} \text{ MeV}$$

同等のエネルギーを石油の燃焼によって得ようとしたら，石油が $1.9 \times 10^6$ kg（1900 t）ほど❸も必要になります。核分裂によって得られるエネルギーがいかに膨大なのかわかりますよね。

核分裂反応によって生じるエネルギーの源は，ウラン原子核の質量です。ウラン原子核は質量を減らしながらエネルギーを放出します。1 個のウラン原子核の質量は $235\text{u} \times 1.7 \times 10^{-27}$ kg/u なので，相当するエネルギーは，

$$E = mc^2 = (235 \times 1.7 \times 10^{-27}) \times (3.0 \times 10^8)^2 \text{ J}$$

$$= \frac{(235 \times 1.7 \times 10^{-27}) \times (3.0 \times 10^8)^2}{1.6 \times 10^{-19}} \text{ eV}$$

$$\fallingdotseq 2.25 \times 10^{11} \text{eV} = 2.25 \times 10^5 \text{ MeV}$$

したがって，エネルギーに転じた質量の割合（百分率）は次のように計

---

❷アボガドロ定数（約 $6.0 \times 10^{23}$/mol）を $^{235}$U のモル質量（約 0.235 kg/mol）で割ると求められます。
❸重油の発熱量を 44 MJ/kg（＝44000 kJ/kg）として計算すると得られる値です。

算できます。

$$\frac{200}{2.25\times10^5}\times100=0.088\cdots\fallingdotseq\mathbf{0.1}\%\quad\cdots\cdots（\mathbf{答}）$$

　このように，ウラン原子核が失う質量は割合としてはわずかなものです。しかし，それが巨大なエネルギーへと形を変えるのですね。

# 第 **3** 章

# 特殊相対性理論③

# 特殊相対性理論における座標変換

## ◉ 時空とローレンツ変換

　第1〜2章では，特殊相対論の概要を説明しました。どの慣性系でも光速が変わらないこと（光速度不変の原理）を土台として考えることで，時間や空間の捉え方を大きく変えてしまうのが特殊相対論です。そして，特殊相対論は時間と空間が結びついていることをも明らかにします。

　19世紀までの物理学では，時間と空間とは独立の関係にあると考えられてきました。時間は空間とは無関係に流れるものであり，空間もまた時間から独立して存在するものとされてきたのです。やはり，私たちの感覚には19世紀までの物理学の方がしっくりくるように思います。それを特殊相対論は，時間と空間が影響しあっているというのです。

　**特殊相対論では，時間と空間を「時空」という1つの概念にまとめてしまいます。** そして時空について，アインシュタインは「ローレンツ変換」というものを導出しました。ローレンツ変換がわかると，「時間と空間の結びつき」とは具体的にどういうことなのかが見えてきます。そして，「動くものの時間の進み方が遅れる」様子も「動くものの長さが縮む」様子も求めることができます（181，183ページで登場した式が導出されます）。

　ということで，本章ではローレンツ変換について説明したいと思います。まず，**ローレンツ変換とは「座標変換」のこと** です。座標変換とは，「ある座標系の座標で表された1つの物理現象を別の座標系の座標に変換する」方法のことです。

## ● ローレンツ変換の導出

具体的に考えてみましょう。次図のように，座標が $(x, y, z, t)$ の慣性系 1 と，慣性系 1 の $x$ 軸正方向へ一定速度 $v$ で動く，座標 $(x', y', z', t')$ の慣性系 2 があるとします。ここで，**座標には時刻 $t$ が含まれる**ことに注意してください。相対論では，位置だけでなく時刻も座標と考えます。

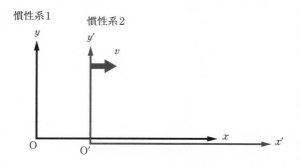

特殊相対論が発見されるまでは，2 つの座標系の時刻は一致する（時間は同じように進む）と考えられていました。すなわち，$t = t'$ です。もちろん特殊相対論によってこれが成り立たないことが明らかになるのですが，とりあえず 19 世紀までの考え方で話を進めてみます。

2 つの座標系の原点 O と O′ は，時刻 0（ゼロ）に重なるとします。すると，時刻 $t$ $(t')$ において，慣性系 1 の座標で $(x, y, z)$ と表される物体の位置は，慣性系 2 の座標では次のように表されると考えられます。

$$(x', y', z') = (x - vt, y, z)$$

時刻 $t$ $(t')$ の様子を表す次図から，$x' = x - vt$ という関係がわかります。また，慣性系の動く向きから $y' = y$，$z' = z$ という関係もわかります。（図では $z$ 軸を示していませんが，$x$ 軸と $y$ 軸に直交するものと捉えてください。）

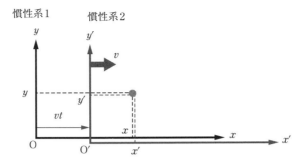

慣性系1　　　慣性系2

整理すると次式のようになり，これは「**ガリレイ変換**」とよばれます。

$$\begin{cases} x' = x - vt \\ y' = y \\ z' = z \\ t' = t \end{cases}$$

これは私たちの感覚としては受け入れやすいものでしょう。ところが，厳密にはこのような座標変換は成り立たないことを明らかにしたのが特殊相対論なのです。ただし，$v \ll c$ の範囲ではガリレイ変換が（完全にではありませんが）ほぼ正確に成り立つため，問題になることはありません。$v$ が $c$ に比べて無視できない大きさになると，ガリレイ変換の誤差は大きくなります。

　これに対して，特殊相対論は「ローレンツ変換」[1] という正確に成り立つ座標変換を示しました。

　次式のように表される座標変換がローレンツ変換です。時間（$t$ および $t'$）と空間（$x$ および $x'$）が入り混じっていることに注目してください。**時間と空間が結びつく時空の概念が現れています。**（$x, y, z, t$ は慣性系 1 の座標，$x', y', z', t'$ は慣性系 2 の座標，$c$ は光速です。）

[1] この座標変換を最初に見出した物理学者ヘンドリック・ローレンツ（オランダ，1853〜1928年）にちなんで，このような名前がつけられています。ローレンツは，172 ページで登場したマイケルソンとモーリーの実験結果を説明するための方法としてこの変換を提案しました。その後，慣性系によらず光速度が一定という原理（光速度不変の原理）からこの変換を導出したのはアインシュタインです。

$$\begin{cases} x' = \dfrac{x-vt}{\sqrt{1-\beta^2}} \\[2ex] y' = y \\[1ex] z' = z \\[1ex] t' = \dfrac{t - \dfrac{vx}{c^2}}{\sqrt{1-\beta^2}} \quad \left( \beta = \dfrac{v}{c} \right) \end{cases}$$

　両者（慣性系 1 と慣性系 2）の座標はこれらの式によって変換されます。光速度不変の原理から，このような座標変換が導出されるのです。そのことについては後ほど入試問題を通して説明しますが，先にローレンツ変換から 2 つの慣性系の間の時間や空間の関係についてどのようなことがわかるのかを説明しておきましょう。

　まずは，慣性系 1 の $x$ 軸上の**異なる位置** $x=x_1$ と $x=x_2$ で**同時刻** $t$ に起こる現象（それぞれ現象 1 と現象 2 とします）について考えます。

　これを慣性系 2 から見ると，それぞれ次式で表される時刻 $t_1'$，$t_2'$ に起こって見えます

$$\text{現象 1}: t_1' = \frac{t - \dfrac{vx_1}{c^2}}{\sqrt{1-\beta^2}}, \quad \text{現象 2}: t_2' = \frac{t - \dfrac{vx_2}{c^2}}{\sqrt{1-\beta^2}}$$

$x_1 \neq x_2$ ですから，もちろん $t_1' \neq t_2'$ です。つまり，慣性系 1 では同時刻に起こって見える 2 つの現象が，慣性系 2 では異なる時刻に起こって見えることが示されるのです。これは，177 ページで登場した「同時刻の相対性」を表しています。ローレンツ変換から，同時刻の相対性が示されるのですね！

　次は，時間の遅れについて考えます。

　慣性系 1 の原点 O に時計 1 が，慣性系 2 の原点 O′ に時計 2 がそれぞれ固定されているとして，各慣性系からそれぞれの時計の進みがどのように見えるのか，ローレンツ変換から求めてみましょう。

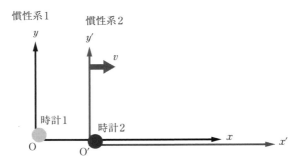

慣性系2から時計1を見る場合を考えます。慣性系1の座標を使って，慣性系2の時刻は次式のように表されます。

$$t' = \frac{t - \dfrac{vx}{c^2}}{\sqrt{1 - \beta^2}}$$

時計1の位置 $x = 0$ ですので，これを代入して整理すると，

$$t' = \frac{t - \dfrac{0}{c^2}}{\sqrt{1 - \beta^2}} = \frac{t}{\sqrt{1 - \beta^2}} \quad \rightarrow \quad t = \sqrt{1 - \beta^2}\, t'$$

これはつまり，**慣性系2から**見ると，時計1の示す時刻 $t$ は時計2の示す時刻 $t'$ の $\sqrt{1 - \beta^2}$ 倍，すなわち慣性系1の時間の進み方は慣性系2の $\sqrt{1 - \beta^2}$ 倍になっている（遅れている）ことが示されたわけです。

**慣性系1から**時計2を見る場合も同様です。慣性系1は慣性系2に対して速度 $-v$ で動いているので，ローレンツ変換は前ページの式の $v$ を $-v$ に置き換えて，次式で表されることに注意してください。

$$t = \frac{t' + \dfrac{vx'}{c^2}}{\sqrt{1 - \beta^2}}$$

時計2の位置 $x' = 0$ ですので，これを代入して整理すると，

$$t = \frac{t' + \dfrac{0}{c^2}}{\sqrt{1 - \beta^2}} = \frac{t'}{\sqrt{1 - \beta^2}} \quad \rightarrow \quad t' = \sqrt{1 - \beta^2}\, t$$

これは，**慣性系 1 から**見る場合も，時計 2 の示す時刻 $t'$ は時計 1 の示す時刻 $t$ の $\sqrt{1-\beta^2}$ 倍，すなわち慣性系 2 の時間の進む速さは慣性系 1 の $\sqrt{1-\beta^2}$ 倍になっている（遅れている）ことが示されています。

　以上のように，ローレンツ変換から慣性系の間でお互いに時間の進み方が遅れて見えることが導出されました！


最後に，長さの収縮について考えます。

　慣性系 2 の $x'$ 軸に沿って静止している長さ $L$ の棒があるとします。棒の両端の慣性系 2 での $x'$ 座標を $x_1'$，$x_2'$ $(x_1' < x_2')$ とします。

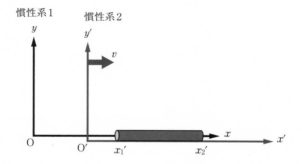

　このとき，慣性系 2 では棒の長さが $L$ なわけですから，$x_2' - x_1' = L$ です。それでは，この棒を**慣性系 1 から**見たらどうなるでしょう？　ローレンツ変換によって棒の両端の位置を慣性系 1 の座標 $x$ で表す必要がありますが，1 つ注意点があります。棒の長さを測るときには，両端の座標を**慣性系 1 の同時刻**に測定するということです。慣性系 1 からは棒は動いて見えるのですから，ある瞬間に両端の位置を同時に測定してその差を求めなければ正確な棒の長さとはなりません。そして，慣性系 1 で長さを測るのですから，**慣性系 1 の同時刻**の座標を用いる必要があるわけです。

　よって，共通の**慣性系 1 の**時刻 $t$ を用いてローレンツ変換を行うと，

$$x_1' = \frac{x_1 - vt}{\sqrt{1-\beta^2}}, \quad x_2' = \frac{x_2 - vt}{\sqrt{1-\beta^2}}$$

この 2 式から，**慣性系 1 から**見える棒の長さは次のように求められま

す。

$$x_2 - x_1 = \sqrt{1-\beta^2}\,(x_2' - x_1') = \sqrt{1-\beta^2}\,L$$

　このようにして，慣性系 1 からは動いている棒の長さが $\sqrt{1-\beta^2}$ 倍に
なって見える（縮んで見える）ことが示されました。

　**慣性系 2 から**見る場合も同様です。この場合は，慣性系 1 の $x$ 軸に
沿って静止している長さ $L$ の棒を考えます。次図のように，棒の両端の
慣性系 1 での $x$ 座標を $x_1$，$x_2$（$x_1 < x_2$）とします。

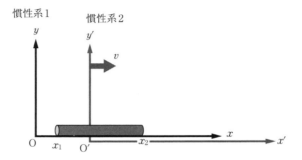

　このとき，慣性系 1 では棒の長さが $L$ なわけですから，$x_2 - x_1 = L$ で
す。ここで，慣性系 1 は慣性系 2 に対して速度 $-v$ で動いているので，
ローレンツ変換は 209 ページの式の $v$ を $-v$ に置き換えて次式で表される
ことに注意が必要です。

$$x = \frac{x' + vt'}{\sqrt{1-\beta^2}}$$

　この棒を**慣性系 2 から**見てみます。この場合は，両端の座標を**慣性系 2
の**同時刻に測定することになります。**慣性系 2 の**時刻 $t'$ を用いてローレ
ンツ変換を行うと，

$$x_1 = \frac{x_1' + vt'}{\sqrt{1-\beta^2}}, \quad x_2 = \frac{x_2' + vt'}{\sqrt{1-\beta^2}}$$

　この 2 式から，**慣性系 2 から**見える棒の長さは次のように求められます

$$x_2' - x_1' = \sqrt{1-\beta^2}(x_2 - x_1) = \sqrt{1-\beta^2}L$$

　この場合も，棒の長さは $\sqrt{1-\beta^2}$ 倍になって（縮んで）見えるのです。ローレンツ変換から，動いているものの長さがお互いに縮んで見えることが示されたわけですね！

## 3.2

# 混ざり合う時間と空間の概念

　前節では，ローレンツ変換が時間の遅れやものの収縮を説明してくれることを確認しました。アインシュタインは光速度不変の原理を土台として，数学的な方法でローレンツ変換を導出しました。

　本節では，その考え方に触れることができる面白い入試問題を取り上げます。2013（平成25）年度に大阪大学理学部の前期試験「挑戦枠」で出題されたものです。通常の試験問題に加えて「専門物理」という形で問題を課し，専門物理で一定以上得点すると一般枠に優先して合格候補となるというものでした（現在は行われていません）。そのような問題ですので，入試問題としては難易度が高いものになります。ただし，特別な知識が必要というわけではありません。問題文をヒントにしながら丁寧に考えていけば，無理なく解くことができる面白い内容です。

### Lead-1

　マイケルソンとモーレーは1887年に，地球の公転運動を利用して光の速さが動いている観測者にどのように依存するかを調べた。驚くべきことに，彼らの実験から，真空中の光の速さは，動いている観測者の速度によらず，いつも同じ値 $c$ であることがわかった。

　この実験結果の意味を理解するために，次の思考実験をしてみよう。

　観測者 A，B，C は静止して，$x$ 軸上に等間隔で並んでいる。図1は，$x$ 軸（空間座標）を横軸に，時間 $t$（時間座標）を縦軸にとったものである。これを $x$-$t$ 図とよび，この座標系を $K$ 座標系とよぶ。AB，BC の距離は $\ell$ で，$x$ 軸は B を原点とし，C の方向を正の向きにとる。A，B，C が静止しているとき，A，B，C の $x$-$t$ 図での $t>0$ の軌跡は図1の太線になる。時刻 $t=0$ に，B から A と C に向かって

光を放出する。光は時刻 $t = t_0$ に A と C に同時に到達する。

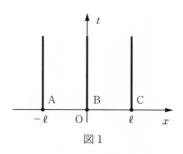

図1

　まずリード文（導入文）では，マイケルソン・モーリーの実験が登場しています。すなわち，光速度不変の原理を土台として考える問題であることが示されているわけですね。これは特殊相対論の考え方そのものです。

　そして，さらに $x\text{-}t$ 図という空間座標と時間座標の両方が含まれる座標系（$K$ 座標系）が登場しています。このようなものを使うと，時間と空間を入り混じったもの（時空）として捉える相対論について理解できるようです。

> **問1**　B から A と C に向けて放出された光の $x\text{-}t$ 図での軌跡を描け。

　まずは，B から A と C に向けて放出された光の軌跡を描きます。$x\text{-}t$ 図を理解するウォーミングアップという感じの内容です。

　A と C はどちらも，B から距離 $\ell$ だけ離れています。速さ $c$ で伝わる光がこの距離を進むのにかかる時間は $\dfrac{\ell}{c}$ です。そして，光は一定速度で進むため，B からの距離は進んだ時間に比例します。以上のことから，光の軌跡は次図のように描くことができます。

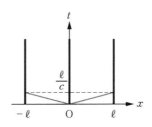

次に，$K$ 座標系で観測者 A，B，C が等速度（速さ $V<c$）で $x$ 軸の正の向きに動いている場合を考える。$t=0$ で A，B，C はそれぞれ $x=-\ell$，0，$\ell$ に位置していた。

ここからは，A，B，C が一定速度（等速度）$V$ で動く場合を考えます。

**問 2** A，B，C の $t>0$ での軌跡を描け。

速度が一定なので，位置の変化は経過時間に比例します。よって，それぞれの軌跡は次図のように描けます。

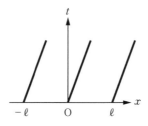

問 1 の場合と同様に，時刻 $t=0$ に，B から A と C に向かって光を放出する。$K$ 座標系で，B より放出された光は，$t=t_1$ に A に，$t=t_2$

にCに到達する。

観測者 A，B，C が動いていても光の軌跡は問1の場合と変わりません。よって，問2で描いた図に A と C へ到達するまでの光の軌跡を描くと次図のようになります。

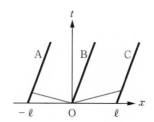

このとき，A と光は互いに近づくように動くことになります。**K 座標系からは，**互いに近づく速さは $c+V$ となって見えます。（A からそのように見えるわけではありません！　この後の問題文でも述べられる通り，A からは，光は速さ $c$ で近づいてくるように見えます）。

また，C と光は互いに遠ざかるように動きます。**K 座標系からは，**互いに遠ざかる速さは $c-V$ となって見えます（こちらも，C からそのように見えるわけではありません！　C からは，光は速さ $c$ で近づいてくるように見えます）。

**問 3**　$t_1$，$t_2$ を $\ell$，$c$，$V$ のうちの必要なものを用いて表せ。

上記のことから，$t_1$ と $t_2$ はそれぞれ次式のように表されます。繰り返しますが，これらは **K 座標系における時刻**です。

$$t_1=\frac{\ell}{c+V}, \quad t_2=\frac{\ell}{c-V} \quad \cdots\cdots (答)$$

なお、$t_1$ と $t_2$ を図に書き加えると次のようになります。

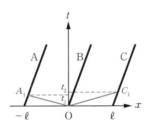

　ここまでは、$K$ 座標系だけが登場しました。この後は、A，B，C とともに（$K$ 座標系の $x$ 軸の正の向きへ一定速度 $V$ で）動く $K'$ 座標系についても考えます。異なる慣性系の位置や時刻といった座標の間に、どのような関係があるのかを考察していくのです。これは、ローレンツ変換を導出することに他なりません。

**Lead-2**

　観測者 A，B，C とともに動いている座標系を $K'$ 座標系とよぶ。つまり、$K'$ 座標系は $K$ 座標系に対して、速さ $V$ で $x$ 軸の正の向きに動いており、$K'$ 座標系では、A，B，C は静止している。$K'$ 座標系での時刻、つまり A，B，C とともに動いている時計が刻む時刻を $t'$ とする。この時刻 $t'$ は、$K$ 座標系での時刻 $t$ とは異なるかもしれない。$K'$ 座標系の $x'$ 軸（空間座標）は、B から C の向きを正の向きにとる。$K$ 座標系の原点 $(x, t) = (0, 0)$ は $K'$ 座標系の原点 $(x_1', t_1') = (0, 0)$ に対応している。

　マイケルソンとモーレーの実験の結果を我々の思考実験に適用すると、$K'$ 座標系でも光は速さ $c$ で伝播し、B から A と C に向かって放出された光は、同時に A と C に到達することになる。

　図 1 の $x$–$t$ 図で、B から放出された光が A と C に到達する点をそれぞれ $A_1$，$C_1$ としよう。$K'$ 座標系の座標軸（$x'$ 軸，$t'$ 軸）を $K$ 座標系の $x$–$t$ 図に描くとどうなるだろうか。$A_1$，$C_1$ の座標は、$K$ 座標系では $(x_1, t_1)$，$(x_2, t_2)$，$K'$ 座標系では $(x_1', t_1')$，$(x_2', t_2')$ となる。

$K'$ 座標系でBは静止している。つまり，任意の時刻 $t'$ に対して，Bの $x'$ 座標は $x'=0$ である。このことは，問2で描いたBの軌跡が $K'$ 座標系での $t'$ 軸になっていることを意味する。光は $t=t_1'=t_2'$ に同時にAとCに到達したのだから，$A_1$ と $C_1$ を通る線は $K'$ 座標系における同時刻の線 $t'=t_1'=t_2'$ に対応していることになる。よって，$x$–$t$ 図で原点を通り，$A_1C_1$ に平行な線が $K'$ 座標系での $x'$ 軸になっている。

　したがって，$K$ 座標系の座標 $(x, t)$ と $K'$ 座標系の座標 $(x', t')$ は

$$x'=ax+bt, \quad t'=pt+qx \qquad (1)$$

の関係で結ばれていることになる。ここで，係数 $a$, $b$, $p$, $q$ は $c$, $V$ で表される定数である。$K'$ 座標系の $x'$ 軸は関係式(1)で $t'=0$ に対応し，$t'$ 軸は $x'=0$ に対応している。以下の手順で係数 $a$, $b$, $p$, $q$ を決めよう。

　上のリード文をヒントにして，$K'$ 座標系の座標軸を次図のように描くことができます。

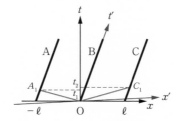

　このとき，ある同一の現象が起こる位置と時刻を表す $K$ 座標系の座標 $(x, t)$ と $K'$ 座標系の座標 $(x', t')$ は異なります。そして，両者をつなぐのがローレンツ変換です。

　この問題では，この関係を $x'=ax+bt$, $t'=pt+qx$ と置いてから，$a$,

$b$, $p$, $q$ の各値を求めてローレンツ変換の式を導出することを目指しています。順に考えていきましょう。

---

**問 4**　B の軌跡を $K$ 座標系と $K'$ 座標系で記述することで，$b$ を $a$，$c$，$V$ のうちの必要なものを用いて表せ。

---

B の軌跡という同一のものを，異なる慣性系で表します。$K$ 座標系では，B は等速度 $V$ で動いて見えるので，その軌跡は $x = Vt$ と表せます。$K'$ 座標系では，B は位置 $x' = 0$ に静止して見えます。すなわち，軌跡は $x' = 0$ と表せることになります。さて，これらを $x' = ax + bt$ へ代入すると，

$$0 = a(Vt) + bt$$

この関係が任意の時刻 $t$ で成り立つには次の条件が必要であり，これが答です。

$$\boldsymbol{b = -aV} \quad \cdots\cdots \text{（答）}$$

---

**問 5**　$K'$ 座標系で光が A と C に同時に到達すること，あるいは，$x$-$t$ 図で線分 $A_1 C_1$ と $x'$ 軸が平行であることを使い，$q$ を $p$，$c$，$V$ のうちの必要なものを用いて表せ。

---

$K'$ 座標系からは，光が A に到達したという現象（現象 1 とします）と光が C に到達したという現象（現象 2 とします）は同時刻に観測されます。そこで，$K'$ 座標系で現象 1 が見える時刻 $t_1'$ と現象 2 が見える時刻 $t_2'$ を，それぞれ $t' = pt + qx$ の関係式を用いて求めてみましょう。

$$t_1' = pt_1 + qx_1, \quad t_2' = pt_2 + qx_2$$

ここで，$t_1$ と $t_2$ は問 3 で求めています。また，問 2 で求めたグラフ（次図参照）から次式の関係もわかります。

$$x_1 = -ct_1, \quad x_2 = ct_2$$

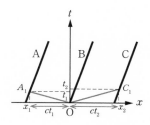

以上のことから，$t_1'$ と $t_2'$ は次のように求められます。

$$t_1' = pt_1 + qx_1 = p \cdot \frac{\ell}{c+V} + q(-c) \cdot \frac{\ell}{c+V} = \frac{(p-qc)\ell}{c+V} \quad \cdots\cdots \text{(a)}$$

$$t_2' = pt_2 + qx_2 = p \cdot \frac{\ell}{c-V} + qc \cdot \frac{\ell}{c-V} = \frac{(p+qc)\ell}{c-V} \quad \cdots\cdots \text{(b)}$$

そして，$t_1' = t_2'$ より，$q$ が次のように求められます。

$$\frac{(p-qc)\ell}{c+V} = \frac{(p+qc)\ell}{c-V} \quad \rightarrow \quad (p-qc)(c-V) = (p+qc)(c+V)$$

$$\rightarrow \quad pc - pV - qc^2 + qcV = pc + pV + qc^2 + qcV$$

$$\rightarrow \quad qc^2 = -pV \quad \therefore \quad \boldsymbol{q = -\dfrac{V}{c^2}p} \quad \cdots\cdots \textbf{(答)}$$

---

**問 6** $C_1$ を $K$ 座標系と $K'$ 座標系で記述することで，$p$ を $a$, $c$, $V$ のうちの必要なものを用いて表せ。

---

現象 2 を $K$ 座標系から見たときの座標は $(x_2, t_2)$ であり，$K'$ 座標系から見たときの座標は $(x_2', t_2')$ です。

ここで，$x' = ax + bt$ を用いると $x_2' = ax_2 + bt_2$ と表すことができ，$b = -aV$，$x_2 = ct_2$ を代入すると，

$$x_2' = act_2 - aVt_2 = (c - V)at_2 \quad \cdots\cdots (c)$$

また，**K' 座標系でも光速は c である**ことから，$x_2' = ct_2'$ の関係がわかります。そして，$t' = pt + qx$ を用いて $t_2' = pt_2 + qx_2$ と表せることと，$x_2 = ct_2$，$q = -\dfrac{V}{c^2}p$ より，

$$x_2' = ct_2' = c(pt_2 + qx_2) = c\left\{pt_2 + \left(-\dfrac{V}{c^2}\right)p \cdot ct_2\right\} = (c - V)pt_2 \quad \cdots\cdots (d)$$

したがって，(c)式 = (d)式より，

$$(c - V)at_2 = (c - V)pt_2$$

これより，**(答) $p = a$** と求められます。

---

**問7** これで，$b$，$p$，$q$ を $a$，$c$，$V$ で表すことができた。それでは，$a$ をどのようにして決めたらいいだろうか。K' 座標系は K 座標系に対して $x$ 軸の正の向きに速さ $V$ で動いているが，逆に K 座標系は K' 座標系に対して $x'$ 軸の負の向きに速さ $V$ で動いている。このことをヒントに $a$ をどのように決めるか説明し，$a$ を $c$，$V$ で表せ。

---

ここまで求めた結果を用いると，K 座標系と K' 座標系の座標をつなぐ関係式は次式で表されることがわかります。

$$x' = ax - aVt \quad \cdots\cdots (e)$$

$$t' = at - \dfrac{V}{c^2}ax \quad \cdots\cdots (f)$$

これは K 座標系の座標 $(x, t)$ を用いて，K 座標系の $x$ 軸の<u>正</u>の向きに一定の速さ $V$ で動く K' 座標系の座標 $(x', t')$ を表す方法です。

さて，ここまでの考察において，$V>0$ である必要性はありませんでした。$V<0$ でも構いません。そこで，$K$ 座標系の $x$ 軸の<u>**負**</u>の向きに一定の速さ $V$ で動く座標系（座標 $(x'', t'')$ とします）を考えてみます。この場合は，上の2式の $V$ を $-V$ に置き換えればよいので，次式のように求められることがわかります。

$$x'' = ax + aVt, \quad t'' = at + \frac{V}{c^2}ax$$

いま考えたこの状況は，$K'$ 座標系から $K$ 座標系を見たのと同じことです。$K$ 座標系の $x$ 軸の<u>**正**</u>の向きに一定の速さ $V$ で動く $K'$ 座標系からは，$K$ 座標系は $x$ 軸の<u>**負**</u>の向きに一定の速さ $V$ で動いて見えるのです。

すなわち，$(x, t)$ と $(x', t')$ の間には次式の関係も成り立つのです。

$$x = ax' + aVt', \quad t = at' + \frac{V}{c^2}ax'$$

そこで，これらを(e)式または(f)式へ代入してみます。すると，$a$ が次のように求められます（(e)式と(f)式のどちらへ代入しても同じ結果が得られます）。

$$\left(1 - \frac{V^2}{c^2}\right)a^2 = 1 \qquad \therefore \ a = \pm \frac{1}{\sqrt{1 - \left(\dfrac{V}{c}\right)^2}}$$

ここで，例えば $V=0$ の場合には $a=\pm1$ となりますが，$x'=ax-aVt$ にそれぞれ代入すると，$x'=x$，$x'=-x$ となり，$x'=-x$ は不適当であるとわかります。したがって，$a$ が次式に確定します。

$$\boldsymbol{a = \frac{1}{\sqrt{1 - \left(\dfrac{V}{c}\right)^2}}} \quad \cdots\cdots \textbf{（答）}$$

以上のようにして，異なる慣性系の座標を変換する関係式を求めることができました。求めた値から整理して表すと，

$$x' = \frac{x - Vt}{\sqrt{1 - \left(\dfrac{V}{c}\right)^2}}, \quad t' = \frac{t - \dfrac{Vx}{c^2}}{\sqrt{1 - \left(\dfrac{V}{c}\right)^2}}$$

まさに，ローレンツ変換そのものですね！　光速度不変の原理を土台として考えることで，ローレンツ変換が導出されることがわかりました。

　なお，この問題の最後は次のような文章で締められています。

　このように，動いている $K'$ 座標系の時刻 $t'$ は，静止している $K$ 座標系の時刻 $t$ と異なることがわかった。両者は式(1)の関係で結ばれており，時間と空間が混ざることになる。

# 第4章

# 一般相対性理論

# 特殊相対性理論の発展形「一般相対性理論」

## ● 特殊相対性理論と一般相対性理論の違い

第1〜3章まで，いくつかの入試問題を通して特殊相対論が明らかにする世界を見てきました。ここまでに登場したシチュエーションは，異なる慣性系どうしの間の話だけでした。これは，特殊相対論は異なる慣性系どうしの間で成り立つ関係を示すものであり，非慣性系においては特殊相対論が成り立たないからです。

これに対して，**非慣性系も対象とするのが一般相対論**です。一般相対論によって，座標系に加速度がある場合についても，時間や空間の性質が説明できるようになったのです。

ここで，具体的な座標系を考えてみましょう。慣性系1と，慣性系1に対して加速度運動する非慣性系2があるとします。非慣性系2は，慣性系1に対して次図の上向きに大きさ $g$（$g$：重力加速度の大きさ）で加速しているとします。そして，慣性系1に対して静止している質量 $m$ の物体 A があるとします（物体 A には力がはたらかず，慣性の法則に従って静止している状態です）。

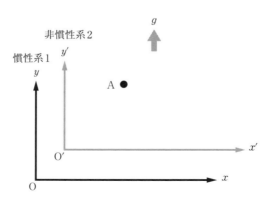

226

このとき，非慣性系2からは物体Aがどのように見えるのか，想像してみてください。非慣性系2からは，慣性系1は図の下向きに大きさ$g$で加速しているように見えます。そのため，慣性系1に対して静止している物体Aも，大きさ$g$の加速度で落下して見えるわけです。

　さて，Aに力がはたらかなければ，加速度も生じないはずです。ところが**非慣性系2からは**，Aに加速度が生じて見えます。ということは，**非慣性系2からは**，Aに力がはたらいて見えるはずです。その向きはAに生じる加速度と同じく鉛直下向きであり，その大きさ$F$は運動方程式$ma=F$に$a=g$を代入して，$F=mg$と求められます。

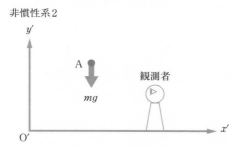

　このような力は「慣性力」とよばれます。大事なのは，**慣性力は非慣性系とともに動く観測者からのみ見えるものであり，慣性系とともに動く観測者には見えない**ということです。

　ここで，ある観測者が慣性系1から非慣性系2に乗りうつることを想像してみます。ちょうど，慣性系で静止していたエレベーターが，いきなり加速を始める状況だと考えられます。エレベーターの加速度の大きさが$g$なら（もちろん，実際にはそのような猛加速をするエレベーターはありませんが），エレベーターに乗っている観測者には，エレベーターが加速を始めた瞬間にいきなり重力が発生したように見えるのです。

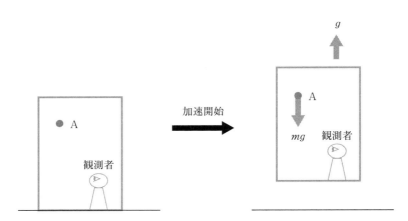

このとき，エレベーターに乗っている観測者には，いきなり重力が発生したのか，いきなりエレベーターが加速を始めたのか区別ができません。このことは，「**重力と加速度の価値が等しい**」ことを表しています。

これは「**等価原理**」とよばれ，長い思考の末にアインシュタインがたどり着いたものでした。等価原理について，アインシュタインは「生涯でもっとも素晴らしいひらめき」だと述 懐したといわれています。

アインシュタインは，この等価原理を土台として一般相対論を構築することになります。それは，加速度のある座標系を扱えるようになるのと同時に，重力のある座標系も扱えるようになったことを意味します。

一般相対論が加速度のある座標系（非慣性系）を対象とすることについては先ほど述べましたが，重力のある座標系とはどういうことでしょう？

ここまで，特殊相対論は異なる慣性系どうしの間に成り立つ時間や空間の関係を示すものだと説明してきました。しかし，実はこれでは説明不足です。正確には，**特殊相対論は「重力のない慣性系」についてのみ成り立つ**ものなのです。慣性系であっても，重力がある場合には一般相対論が必要となるのです。

光速度不変の原理を土台として築き上げられたのが特殊相対論です。重力のない慣性系では光速度は一定なのですが，重力があると一定にはならないのです。次図のような，下向きに重力がはたらく慣性系があるとしま

す。この中で光が水平方向に進もうとするとき，光は直進せずに曲がっていくのです。**重力がはたらくことで光の軌道は曲がる**のです。

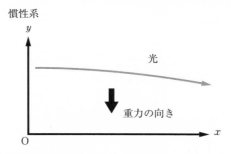

慣性系

光

重力の向き

　ここで，「光の質量は0（ゼロ）なのだから，重力ははたらかないはずではないか？」と思われる人も多いと思います。しかし，光にも重力がはたらくのです。これは，光にはエネルギーがあるからです。アインシュタインが $E = mc^2$ の式で明らかにしたように，質量とエネルギーは同等の価値をもちます。そのため，エネルギーをもつ光には重力がはたらくのです。

　そして，光が曲がることは光速度が一定（不変）でないことを示しています。例として，光には次図のように幅があると考えましょう。

　光が上図のように曲がって進む場合，上側の方が下側より速く進むことになります。このことは，場所によって光速が異なることを示しています。

　重力のはたらく座標系では「光速度不変の原理」が成り立たないので，特殊相対論では扱えません。一般相対論で初めて，扱えるようになるのです。なお，ここでは光に重力がはたらくことで軌道が曲がることを説明しましたが，**実際の光の曲がり具合はこの効果で説明できる以上のものです**。光を曲げる別の原因があるということです。その原因は，一般相対論によって明らかになります。

## ●重力と時空の歪み

それでは，一般相対論が時間や空間についてどのようなことを明らかにするのか，見ていきましょう。

一般相対論では，「**重力**」は「**時空の歪み**」がもたらすものだとされます。これは，次図のような比喩でイメージすることができます。

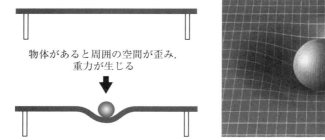

物体があると周囲の空間が歪み，
重力が生じる

あるところにゴムシートが平らに張られているとします。そして，ここに何かを乗せると，乗せた部分のゴムシートが凹みます。これが，時空の歪みを喩えたものです。

このような状態のゴムシートに，次図のように別の物体を乗せてみます。すると，物体は最初に乗せられていたものへと近づいていくでしょう。これは，ゴムシートが平らでなかったから（歪んでいたから）起こることです。この喩えは，歪んだ時空では物体が力を受けることを表しています。この「**歪んだ時空から受ける力**」こそが「**重力**」なのです。一般相対論は，重力をこのように説明します。

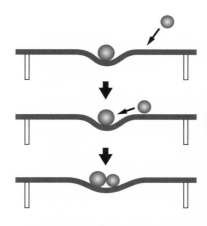

　整理すると，「**質量をもつ物体があると周囲の時空が歪み，別の物体は歪んだ時空から重力を受ける**」ということですね（もちろん，実際の時空の歪みは目に見えるものではありません）。

　ここまでの話は，「空間」の歪みの比喩としてピッタリ来るかと思います。「時間」の歪み，すなわち場所によって時間の進み方が異なることは喩えにくいのですが，一般相対論は「**重力が強いところほど時間がゆっくり進む**」ことも明らかにします。重力が強いところとは時空の歪みが大きいところということであり，時空が歪んでいる場所ほど時間がゆっくり進むのです。

　さらには，一般相対論は加速度が大きい座標系ほど時間がゆっくり進むことも示します。これは，「重力と加速度が同じ価値をもつ」という等価原理から導き出されることです。重力が強いことと加速度が大きいことは同等なのです。

　重力による時間の遅れ具合は，万有引力定数[1] を $G$，重力の原因となる物質の質量を $M$，物質からの距離を $r$，光速を $c$ として，次式で表されます。この式は，**重力が $0$（ゼロ）の場所と比べたときの，時間の進む速**

---

[1]質量 $m_1$ の物体と質量 $m_2$ の物体が距離 $r$ だけ離れているとき，両者の間には大きさ $G\dfrac{m_1 m_2}{r^2}$ の万有引力がはたらきます。このときの比例定数 $G$ を「**万有引力定数**」といいます。

さの倍率を表しています。

$$\sqrt{1 - \frac{2GM}{c^2 r}} \ （倍）$$

　質量をもつ物体があると，その周囲に置かれた物体には重力が生じるようになります。これは，物体によって周囲の時空に歪みが生じるためです。このとき，物体に近いところほど重力は大きくなる，すなわち時空の歪みが大きくなります。そのため，物体に近いところほど時間がゆっくり進むことになるのです。このことは，$r$ が小さくなるほど $\sqrt{1 - \dfrac{2GM}{c^2 r}}$ の値が小さくなることと合致します。$r$ が小さいところほど重力が強く，時間がゆっくりと進むのです。

　「重力の大きさによって時間の進み方が変わる」といわれても，私たちには関係のない話のようにも思えます。しかし実際には，時間の進み方の違いは私たちの身の周りでつねに起こっていることなのです。

　私たちが生活している場所には，地球によって生み出される重力が存在しています。地上の重力の大きさは**ほぼ**一定ではありますが，完全に均一なわけではありません。地球が完全な球形でなく扁平な形をしていることと，遠心力の影響などがありますが，ここでは上式で登場した距離 $r$ の違いに着目しましょう。同じ地点であっても高度によって地球の中心からの距離が違うため，重力の大きさがわずかに異なるのです。そして，そのために時間の進み方に若干ながら差が生じているのです。

## ● 光格子時計による実験

　例として，東京スカイツリーの地上階と展望台での時間の進み方の違いを考えてみましょう。両者の間にはおよそ 453 m の高低差があります。果たして，どれだけ時間の進み方が違うのでしょう？

　実は，日本で開発された「**光格子時計**」❶ という超精密な時計を地上階と展望台に置き，時間の進み方の違いを測定する実験が行われました。そ

して，展望台では地上階よりも 1 日当たり 4.26 ns（＝4.26×10⁻⁹ s）だ
け時間が速く進んでいることが判明した❷のです！

　この結果が，一般相対論と合致するか検証してみましょう。一般相対論
によれば，無重力の場所に比べると次のようになります。

・**地上階**では，時間の進む速さが $\sqrt{1-\dfrac{2GM}{c^2R}}$ 倍になる。

・**展望台**では，時間の進む速さが $\sqrt{1-\dfrac{2GM}{c^2(R+r)}}$ 倍になる。

（$G$：万有引力定数，$M$：地球の質量，$c$：光速，$R$：地球の半径，$r$：地上
階と展望台の高低差）

　よって，地上階に対する展望台での時間の進む速さの倍率は次式のよう
に表されます。ここへ高低差 $r$ や万有引力定数 $G$ などの実際の値を代入
して計算すると，次のように求められます。

$$\frac{\sqrt{1-\dfrac{2GM}{c^2(R+r)}}}{\sqrt{1-\dfrac{2GM}{c^2R}}}≒1+4.91\times10^{-14}\;（倍）$$

　このことはすなわち，地上階で 1 s 経過する間に展望台では $(1+4.91\times$
$10^{-14})$ s 経過することを示しています。つまり，1 s 当たり $4.91\times10^{-14}$ s
という時間のずれが生じるのです。そして，1 日は（60×60×24＝）
86400 s ですので，1 日当たりの時間のずれは次のように求められます。

$$4.91\times10^{-14}\times86400≒4.24\times10^{-9}\;s$$

　これが一般相対論から求められる地上階と展望台での時間のずれです。
どうでしょう？　光格子時計によって測定された 4.26×10⁻⁹ s という値

第4章　一般相対性理論

---

❶光格子時計は 2014 年に実現したもので，300 億年で 1 秒しか狂わないといわれるほど超高精
度の時計です。
❷実験の結果は 2020 年に発表されました。このように，標高によって時間の進み方が違うと
いってもごくごくわずかな差なので，私たちが認識するようなことはありません。超精密な時
計を使ってようやくわかることなのです。

とおよそ一致することがわかりますよね。時間を超精密に測定できる光格子時計は，一般相対論の正しさを証明する道具にもなっているのです。

## ◉ 時間が止まってしまうところ

　東京スカイツリー程度の高低差では，生活に支障をきたすような時間差は生じません。しかし，高低差が大きくなれば時間差を無視できなくなります。特に問題になるのが，人工衛星です。現在多くの人工衛星が地球の周りをまわっていますが，中でも高度約 36000 km の軌道をまわる衛星は地上から静止して見えるため「**静止軌道**」とよばれ，多くの人工衛星が集中しています。

　さて，これほど高いところにある人工衛星では地上に比べて重力も随分ずいぶん小さくなるため，地上よりも時間が速く進んでいます。例えば GPS 衛星などでは，これが問題になります。GPS 衛星では時刻および位置を測定しており，その情報を電波に乗せて地上へ送ります。そして，電波を受け取る側が衛星から届くまでにかかった時間を元に現在位置を知る仕組みが「**GPS**」です。GPS によって現在位置を正確に知れるようにするには，地上と衛星との間に生じる時間のずれを補正する必要があるのです。

　それでは，相対論を使って地上と衛星との間で生じる時間のずれを求めてみましょう。ここでは，一般相対論だけでなく特殊相対論も使いますので注意してください。

　地上と衛星での時間の進む速さを，それぞれ重力が 0（ゼロ）の場所と比べてみます。地上では，重力の影響（一般相対論）で時間の進みが遅くなります。これについては，次の結果が得られます。

・**地上**：重力 0 の場所に比べて時間の進む速さが $\sqrt{1-\dfrac{2GM}{c^2R}}$ 倍になる。

　続いて衛星です。こちらも，重力の影響（一般相対論）で時間の進みが遅くなります。

まず，衛星軌道上の静止している場所では，重力 0 の場所に比べて時間の進む速さが $\sqrt{1-\dfrac{2GM}{c^2r}}$ 倍になります（$r$ は衛星の軌道半径で，地上からの高さではなく**地球の中心からの距離**）。

さらに，衛星は動いているため，静止しているところから見ると時間が遅れて進みます。こちらは特殊相対論的効果です。人工衛星の速さを $v$ とすると，衛星の周回軌道上で静止している観測者に対して，時間の進む速さが $\sqrt{1-\dfrac{v^2}{c^2}}$ 倍になります。

整理すると，時間のずれは次図のようになります。

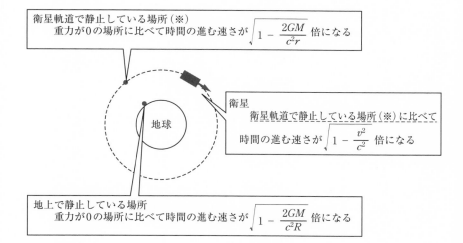

ここで，人工衛星について次の運動方程式が書けます。

$$m\frac{v^2}{r}=G\frac{Mm}{r^2} \quad （m：人工衛星の質量）$$

この式から $v^2=\dfrac{GM}{r}$ となるので，これを用いて整理すると次の結果が得られます。

・**衛星**：重力 0 の場所に比べて時間の進む速さが次式で表される倍率になる。

$$\sqrt{1-\frac{2GM}{c^2r}}\sqrt{1-\frac{v^2}{c^2}}=\sqrt{1-\frac{2GM}{c^2r}}\sqrt{1-\frac{GM}{c^2r}}\quad(r：衛星の軌道半径)$$

この式は，$\frac{GM}{c^2r}\ll1$ であることから次のように近似計算できます。

$$\sqrt{1-\frac{2GM}{c^2r}}\sqrt{1-\frac{GM}{c^2r}}=\sqrt{1-\frac{2GM}{c^2r}-\frac{GM}{c^2r}+2\left(\frac{GM}{c^2r}\right)^2}$$

$$\fallingdotseq\sqrt{1-\frac{2GM}{c^2r}-\frac{GM}{c^2r}}=\sqrt{1-\frac{3GM}{c^2r}}$$

結局，次のような結果になります。

・**衛星**：重力 0 の場所に比べて時間の進む速さが $\sqrt{1-\frac{3GM}{c^2r}}$ 倍になる。

ここまでは地上，衛星ともに重力 0（ゼロ）の場所と比べましたが，地上と衛星を比べれば次のようになります。

・**衛星**：地上に比べて時間の進む速さが $\dfrac{\sqrt{1-\dfrac{3GM}{c^2r}}}{\sqrt{1-\dfrac{2GM}{c^2R}}}$ 倍になる。

$\dfrac{\sqrt{1-\dfrac{3GM}{c^2r}}}{\sqrt{1-\dfrac{2GM}{c^2R}}}>1$，すなわち $\dfrac{r}{R}>\dfrac{3}{2}$ であれば❶，衛星では地上よりも速く

時間が進むことになります。逆に $\dfrac{\sqrt{1-\dfrac{3GM}{c^2r}}}{\sqrt{1-\dfrac{2GM}{c^2R}}}<1$，すなわち $\dfrac{r}{R}<\dfrac{3}{2}$ であ

れば，衛星では地上よりもゆっくり時間が進みます。

GPS 衛星の軌道半径 $r\fallingdotseq26560\,\mathrm{km}$ であり，地球の半径 $R\fallingdotseq6380\,\mathrm{km}$ よ

---

❶計算は次の通りで，大小関係が逆の場合も同様です。

$$\frac{\sqrt{1-\dfrac{3GM}{c^2r}}}{\sqrt{1-\dfrac{2GM}{c^2R}}}>1\;\rightarrow\;1-\frac{3GM}{c^2r}>1-\frac{2GM}{c^2R}\;\rightarrow\;\frac{r}{R}>\frac{3}{2}$$

り，GPS 衛星では $\frac{r}{R} \fallingdotseq 4.2 > \frac{3}{2}$ であることから，地上よりも時間が速く進んでいることがわかりますね。

ここで，質量 $M$ の物体から距離 $r$ だけ離れている場所では，重力 0（ゼロ）の場所に比べて時間の進む速さが $\sqrt{1-\dfrac{2GM}{c^2 r}}$ 倍になることについて，距離 $r$ が小さくなる場合を検討してみます。$r$ が小さくなるほど $\sqrt{1-\dfrac{2GM}{c^2 r}}$ は小さくなるので，時間がゆっくり進むことになります。重力が大きい場所ほど時間がゆっくり進むことを示しているわけですが，$r$ が小さくなるとやがて $\sqrt{1-\dfrac{2GM}{c^2 r}} = 0$ となってしまいます。

これは，**このような場所では時間が止まってしまう**ことを示しています（！）。そこでは時間が止まってしまうため，光でさえもそこを離れることができなくなってしまいます。このときの $r$ は次のように求められます。

$$1 - \frac{2GM}{c^2 r} = 0 \quad \rightarrow \quad r = \frac{2GM}{c^2}$$

この半径 $r$ は「**シュワルツシルト半径**」[2] と呼ばれています。そして，シュワルツシルト半径よりも内側の部分（$r \leqq \dfrac{2GM}{c^2}$ の部分）が「**ブラックホール**」とよばれるものなのです。

質量 $M$ が小さいときほどシュワルツシルト半径 $r$ も小さくなります。例えば，地球の質量（約 $5.97 \times 10^{24}\,\mathrm{kg}$）を代入して計算してみると，次のようになります。

$$r = \frac{2 \times (6.67 \times 10^{-11}) \times (5.97 \times 10^{24})}{(3.00 \times 10^8)^2} \fallingdotseq 8.8 \times 10^{-3}\,\mathrm{m}$$

これは，地球の全質量が半径 $8.8 \times 10^{-3}\,\mathrm{m}$（$= 8.8\,\mathrm{mm}$）の球に集中したならブラックホールになることを示しています。地球程度の質量ではよ

---

[2] ドイツの天文学者カール・シュワルツシルト（1873〜1916 年）が導出したことに由来する名前です。

ほど小さなエリアに集中しないとブラックホールにはなりませんが，より
巨大な質量であればこれより広い範囲に収まってブラックホールになるこ
とができます。ブラックホールは，このような条件が満たされたときに誕
生するのですね。

# 一般相対性理論が予言する「時間の遅れ」

前節では，一般相対論が明らかにする不思議な世界を見てきました。最後に，一般相対論が明らかにする事実に迫ることができる入試問題を見てみましょう。高校物理の範囲の知識を使いながらも，一般相対論についての理解を深められる問題です。これは，2012（平成24）年度に京都大学の入試で出題されたものです。

## Lead-1

次の文章を読んで， には適した式を， には適切な語句をそれぞれ記入せよ。なお， はすでに で与えられたものと同じ式を表す。また，問1〜問3については，指示にしたがって，解答をそれぞれ記入せよ。1に近い量は，微小量を $\varepsilon, \varepsilon_1, \varepsilon_2, \cdots, \varepsilon_k$ に対して成り立つ近似式 $\dfrac{1}{1-\varepsilon}=1+\varepsilon$ および $(1+\varepsilon_1)(1+\varepsilon_2)\cdots(1+\varepsilon_k)=1+\varepsilon_1+\varepsilon_2+\cdots+\varepsilon_k$ を用いて，1+(微小量) の形に表せ。以下では「重力」という言葉は「万有引力」と同じ意味である。また，地球の自転は無視する。

この問題は，「1.2　ドップラー効果と特殊相対性理論」（184ページ）で紹介した東北大学の入試問題と同様に，光のドップラー効果について考える内容です。東北大学の入試問題からは，光のドップラー効果は相対論を踏まえないと正しく考察することができないことがわかりました。東北大学の入試問題では特殊相対論について考えましたが，この入試問題では一般相対論まで踏み込んでいます。重力の違いによる時間の進み方のずれを考えるのです。

順に問題を解きながら，時間の進み方についてどのようなことがわかる
か見ていきましょう。

---

(1)の前半

図1のように，宇宙空間で図の上方に向かって，一定の加速度 $a$ で
引っ張られている箱を考える。箱に固定された点 A にある振動数 $f_A$
の光源から，上方に距離 $h$ だけ離れた点 B にある検出器に向けて光
の信号を送る。ここでは，上下方向の運動のみを考え，ベクトルであ
る量は上を正の向きとする。

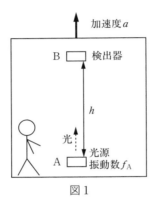

図1

光が光源を出たときの箱の速度を $v_A$，検出器に到達したときの箱
の速度を $v_B$ とすると，検出器が受け取る光の振動数 $f_B$ と $f_A$ の比は，
ドップラー効果の公式より，

$$\frac{f_B}{f_A} = 1 + \frac{\boxed{\text{あ}}}{c}$$

となる。（$v_A$，$v_B$ を用いて表せ。）ここで，$v_A$，$v_B$ の大きさは光速
（光の速さ）$c$ に比べて十分小さいとし，$\dfrac{v_A}{c}$，$\dfrac{v_B}{c}$ を微小量として上記
の近似式を用いた。（ここでは，物体の速さは光速に比べ非常に小さ
いため，時間の遅れや物差しの縮みといった，いわゆる特殊相対性理

第
2
部

相
対
性
理
論

論的な効果は無視してよい。）

　問題文の最後に「ここでは，……いわゆる特殊相対性理論的な効果は無視してよい」とありますので，光のドップラー効果ではありますが，音のドップラー効果と同様に考えます。詳細は東北大学の入試問題（184〜194ページ）で説明しましたので，ここでは簡潔に説明します。

　光源が速さ $v_A$ で検出器に近づくため，観測される振動数は $\dfrac{c}{c-v_A}$ 倍になります。また，検出器が光源から速さ $v_B$ で遠ざかるため，観測される振動数は $\dfrac{c-v_B}{c}$ 倍になります。ここで，$\dfrac{v_A}{c}$ が微小量であることから，冒頭のリード文（導入文）で示されている近似式を用いると，

$$\frac{c}{c-v_A}=\frac{1}{1-\dfrac{v_A}{c}}\fallingdotseq 1+\frac{v_A}{c}$$

よって，検出器で観測される振動数 $f_B$ は，

$$f_B=\frac{c}{c-v_A}\cdot\frac{c-v_B}{c}f_A\fallingdotseq\left(1+\frac{v_A}{c}\right)\left(1-\frac{v_B}{c}\right)f_A$$

さらに，$\dfrac{v_A}{c}$ と $\dfrac{v_B}{c}$ が微小量であることから，もう1つの近似式を用いて，

$$f_B\fallingdotseq\left\{1+\frac{v_A}{c}+\left(-\frac{v_B}{c}\right)\right\}f_A=\left(1+\frac{v_A-v_B}{c}\right)f_A$$

したがって，$f_B$ と $f_A$ の比は次式のように表されます。

$$\frac{f_B}{f_A}\fallingdotseq 1+\frac{\boldsymbol{v_A-v_B}}{c}\quad\cdots\cdots\textbf{（答）}$$

　ここでは，特殊相対論的な効果は無視しましたが，実際に得られる値は特殊相対論から得られる結論と（近似的に）一致します。そのことを，特殊相対論を考察した東北大学の入試問題から得た結論から確認してみましょう。

東北大学の入試問題では，地球に速さ $v$ で近づく天体 X から送り出される光を地球で受け取るとき，観測される振動数は次式のようになるのでした。

$$\frac{kc}{c-v}f \quad \left(=\frac{c+v}{kc}f\right), \quad k=\sqrt{1-\left(\frac{v}{c}\right)^2}$$

これを整理すると，

$$\frac{c}{c-v}kf=\frac{1}{1-\dfrac{v}{c}}\cdot\sqrt{1-\left(\frac{v}{c}\right)^2}\cdot f=\sqrt{\frac{\left(1+\dfrac{v}{c}\right)\left(1-\dfrac{v}{c}\right)}{\left(1-\dfrac{v}{c}\right)^2}}f=\sqrt{\frac{1+\dfrac{v}{c}}{1-\dfrac{v}{c}}}f$$

（もちろん，$\dfrac{c+v}{kc}f$ を計算しても同じ結果が得られます。）

$\dfrac{v}{c}\ll 1$ であることから，近似式を用いて，

$$\sqrt{\frac{1+\dfrac{v}{c}}{1-\dfrac{v}{c}}}=\left(1+\frac{v}{c}\right)^{\frac{1}{2}}\left(1-\frac{v}{c}\right)^{-\frac{1}{2}}\fallingdotseq\left(1+\frac{v}{2c}\right)^2\fallingdotseq 1+\frac{v}{c}$$

この問題では，A と B が互いに近づく速度は $v_A-v_B$（$<0$）であり，これを上式の $v$ へ代入すると先ほど求めた結果（答）が得られます[1]。

---

**(1)の後半**

　光が光源を出てから検出器に到達するまでの時間を $t$ とすると，$v_B-v_A$ は $a$ と $t$ を用いて　い　と書ける。もし，箱の速度が常に 0（ゼロ）であれば，$t$ は $c$ と $h$ を用いて　う　と書ける。箱が加速を受けている場合も，光が伝わる間，箱の速度が常に光速に比べて十分

---

[1] 東北大学の入試問題について，地球と天体 X の場合，天体 X だけが動いていると考えました。それに対して，ここでは A と B の両方が動いているわけですが，この区別をする必要はありません。特殊相対論においては「絶対空間」は否定され，空間に対して静止しているか動いているかといったことを考える必要はないからです。慣性系どうしの相対的な運動だけが問題になるわけです。

小さいとき，すなわち，$\left|\dfrac{ah}{c}\right| \ll c$ がみたされている場合は，$t=$

[う] としてよい。以上のことから，$\dfrac{f_B}{f_A}=1-\dfrac{ah}{c^2}$ となることがわか

る。光の振動数を考える代わりに，光源から短い時間間隔 $\Delta t_A$ をおい

て出た2つのパルスが，検出器に到達するときにはどれだけの時間間

隔（$\Delta t_B$ とする。）になっているかを考えることもできる。振動数 $f$ の

光を，単位時間に $f$ 個のパルスが出るという状況に置き換えてみると

明らかなように，$\dfrac{\Delta t_B}{\Delta t_A}=1+$ [え] と書けることがわかる。（$h$，$a$，$c$

を用いて表せ。）

AとBの速度はどちらも，時間 $t$ で $at$ だけ大きくなります。よって，
光がBに到達した瞬間のAとBの速度は，光がAを出た瞬間のAとB
の速度より $at$ だけ大きいことがわかります。すなわち，

$v_B - v_A = \boldsymbol{at}$ ……（答）

もしも箱が静止していたら，速さ $c$ で伝わる光は距離 $h$ を時間 $\dfrac{h}{c}$ で進
みます。この問題では箱は静止していませんが，箱の速度が光速より十分
小さいことから同様に考えることができます。よって，

$t = \dfrac{\boldsymbol{h}}{\boldsymbol{c}}$ ……（答）

このとき，$v_B - v_A = at = \dfrac{ah}{c}$ とできることから，$f_B$ と $f_A$ の比は，

$$\dfrac{f_B}{f_A} \fallingdotseq 1 + \dfrac{v_A - v_B}{c} = 1 - \dfrac{v_B - v_A}{c} = 1 - \dfrac{ah}{c^2}$$

さて，問題文で示された時間間隔 $\Delta t_A$ は「点 A を出るときの光の周
期」，時間間隔 $\Delta t_B$ は「点 B に到達したときの光の周期」を表していま
す。よって，周期と振動数は逆数の関係にあることから次式のように表
せ，$\Delta t_B$ と $\Delta t_A$ の比が求められます。

$$\Delta t_{\mathrm{A}} = \frac{1}{f_{\mathrm{A}}}, \quad \Delta t_{\mathrm{B}} = \frac{1}{f_{\mathrm{B}}} \qquad \therefore \ \frac{\Delta t_{\mathrm{B}}}{\Delta t_{\mathrm{A}}} = \frac{1}{\frac{f_{\mathrm{B}}}{f_{\mathrm{A}}}} = \frac{1}{1 - \frac{ah}{c^2}}$$

さらに $\frac{ah}{c^2}$ が微小量であることから，与えられた近似式を用いて次のように書くことができます。

$$\frac{\Delta t_{\mathrm{B}}}{\Delta t_{\mathrm{A}}} = \frac{1}{1 - \dfrac{ah}{c^2}} \fallingdotseq 1 + \boldsymbol{\frac{ah}{c^2}} \quad \cdots\cdots \text{（答）}$$

---

**(2)**

　ところで，図1のような等加速度運動をしている箱の中にいる観測者から見ると，物体には通常の力の他に観測者の加速度運動からくる　おな　力がはたらき，見かけの重力加速度　か　が生じる。（図の上向きを正として答えよ。）このようにして生じる見かけの重力と本物の重力が何ら変わりないというのが，アインシュタインの等価原理である。

　たとえば，地球の中心からの距離が $r$ である点における地球による重力加速度は，地球の外では，向きは　き　であり，大きさは　く　である。（$r$，地球の質量 $M$ および重力定数 $G$ を用いて表せ。）これは，場所によって向きも大きさも異なるが，任意の点の周りで十分小さい領域を考えると，その中では重力加速度は一定とみなしてよい。その領域内での物理現象は，上のような等加速度運動をしている観測者が見るものと全く同じである。

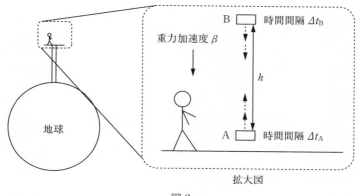

図2

　そうすると，図2の点線内のように，重力加速度が下向きで大きさ $\beta$ が一定とみなせる領域内で，高さが $h$ だけ異なる2つの地点 A と B の間で光をやり取りするとき，A における時間間隔 $\Delta t_A$ と B における時間間隔 $\Delta t_B$ の間には $\dfrac{\Delta t_B}{\Delta t_A} = 1 + \boxed{\text{け}}$ の関係があることがわかる。（$\beta$，$h$，$c$ を用いて表せ。）

　ここまで考えたのは，加速度運動する座標系，すなわち非慣性系です。ここでは，(**答**) **慣性**力という力が見えるのでした。箱の中では，右図に示す慣性力 $ma$ が見えます。これは，物体に重力 $-ma$（図の上向きが正）がはたらいているのと同等に考えられます。すなわち，箱の中では重力加速度 (**答**) $-a$ が生じていると見えるわけですね。ここで示されているのはまさに，一般相対論の土台である等価原理です。

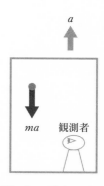

　ここから，**等価原理を用いて非慣性系における時間のずれを，重力によるものとして考えていくことになります。**

　質量 $M$ の地球の中心から距離 $r$ だけ離れた点にある質量 $m$ の物体に

は，地球から大きさ $G\dfrac{Mm}{r^2}$ の万有引力がはたらきます。これが地球による重力であることから，重力加速度の向きは **（答）地球の中心に向かう向き** であるとわかります。そして，この点における重力加速度の大きさを $g(r)$ とすると，次のように求められます。

$$m \cdot g(r) = G\dfrac{Mm}{r^2} \qquad \therefore \ g(r) = \dfrac{GM}{r^2} \quad \cdots\cdots \text{（答）}$$

そして，重力加速度の大きさ $\beta$ が一様な微小領域を考えます。これが，等価原理によって上向きに大きさ $\beta$ で加速する箱と同等に考えられるのです。これは設問(1)で考察した状況であり，(1)の $a$ を $\beta$ に置き換えて次式のように表されます。

$$\dfrac{\Delta t_\mathrm{B}}{\Delta t_\mathrm{A}} = 1 + \dfrac{\beta h}{c^2} \quad \cdots\cdots \text{（答）}$$

---

**問1** ここまでは A から B へ光を送ることを考えたが，逆に B から A へ光を送る場合も $\dfrac{\Delta t_\mathrm{B}}{\Delta t_\mathrm{A}}$ は上の近似の範囲で同じ値となる。その理由を簡潔に述べよ。

---

さて，上式のように $\dfrac{\Delta t_\mathrm{B}}{\Delta t_\mathrm{A}} \neq 1$ と求められたことは，点 A と B では時間の進む速さが異なることを示しています。その原因については続く設問(3)以降で考えていくことになりますが，その前に，光を点 B から A へ送ったとしても同じように時間のずれを求められるかを検証するのがこの問 1 です。

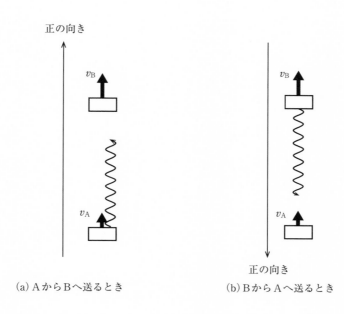

（a）AからBへ送るとき　　　　（b）BからAへ送るとき

正の向き

$v_B$

$v_A$

正の向き

$v_B$

$v_A$

ここでは，光の進む向きに合わせて正の向きを変えて考えてみます。すると，BからAへ光を送るのは，AからBへ送る場合の送信側の速度$v_A$が$-v_B$に，受信側の速度が$v_B$から$-v_A$に置き換わった状況だとわかります。よって，Bで送り出すときの光の振動数を$f_B'$，Aで受け取るときの光の振動数を$f_A'$とすると，設問(1)で求めた式で$v_A$を$-v_B$に，$v_B$を$-v_A$に置き換えて，

$$f_A' \fallingdotseq \left(1 + \frac{-v_B + v_A}{c}\right)f_B'$$

そして，光が送り出されるときよりも受け取られるときの方が箱の速度が大きいこと（$v_A > v_B$）に注意して，

$$v_A - v_B = \frac{\beta h}{c}$$

よって$\Delta t_B$と$\Delta t_A$の比は，次のように先ほどと同じ値になることがわかります。

$$\frac{\Delta t_B}{\Delta t_A} = \frac{f_A'}{f_B'} = 1 + \frac{\beta h}{c^2}$$

247

一般相対性理論　第4章

このようにして，時間の流れは A よりも B における方が速いことが確かめられます。

なお，光を送る向きを逆にしたとき，$1+\dfrac{\beta h}{c^2}$ の式中で変化する値は $c$ だけです。この $c$ の符号が逆転することになりますが，式中で $c$ は $c^2$ という形で登場するため，$1+\dfrac{\beta h}{c^2}$ の値は変わらないと考えて答えることもできます[1]。

### Lead-2

この結果は，重力がある場合は，場所によって時間の進み具合が違っていることを示している。すなわち，A において時間が $\Delta t_A$ 経過する間に，B では $\Delta t_B$ だけ時間が経過するのである。これを，「A における時間 $\Delta t_A$ と B における時間 $\Delta t_B$ が対応している」ということにしよう。今の場合は，$\Delta t_B > \Delta t_A$ なので，時間の流れは B における方が，A におけるより速い。

---

[1]以下，解答例を示します。

[**解答例1**] 光を B から A へ送ると $\Delta t_A$ と $\Delta t_B$ の関係が逆になる。また，光の進行方向と箱の加速度の向きの関係も逆になる。よって，┌ け ┐ で求めた式の $\Delta t_A$ と $\Delta t_B$ を入れ換え，$\beta$ を $-\beta$ に置き換えて，

$$\frac{\Delta t_A}{\Delta t_B}=1+\frac{(-\beta)h}{c^2} \quad \rightarrow \quad \frac{\Delta t_B}{\Delta t_A}=\frac{1}{1+\dfrac{(-\beta)h}{c^2}}\fallingdotseq 1+\frac{\beta h}{c^2}$$

このように，光を A から B へ送る場合と同じ関係式が得られる。

[**解答例2**] 光を送る向きを逆にしたとき，┌ け ┐ で求めた式中で変化するのは $c$ の符号だけである。式中で $c$ は $c^2$ という形で存在するため，$c$ の符号が変わっても式の形は変化しないことがわかる。よって，光を A から B へ送る場合と同じ関係式が得られる。

**(3)**

　上の結果を，2つの地点における重力ポテンシャルを使って表そう。質量 $m$ の粒子が他の物体から重力を受けているとき，その位置エネルギーは $m$ に比例するので $m\phi$ と表せる。$\phi$ を粒子が置かれている点における重力ポテンシャルとよぶ。

　図2の場合は，A, B における重力ポテンシャルをそれぞれ $\phi_{\mathrm{A}}$，$\phi_{\mathrm{B}}$ とすると，$\beta$, $h$ を用いて，$\phi_{\mathrm{B}}-\phi_{\mathrm{A}}=\boxed{\phantom{こ}}$ と書ける。結局，$\dfrac{\Delta t_{\mathrm{B}}}{\Delta t_{\mathrm{A}}}$ は $\phi_{\mathrm{A}}$，$\phi_{\mathrm{B}}$，$c$ を用いて，$\dfrac{\Delta t_{\mathrm{B}}}{\Delta t_{\mathrm{A}}}=1+\boxed{\phantom{さ}}$ と表される。実はこの式は，$\dfrac{|\phi_{\mathrm{A}}-\phi_{\mathrm{B}}|}{c^2}$ が 1 に比べて十分小さければ，重力加速度が空間的に一定でなくても成り立つ。

　それを見るための**具体例**として，図3のように地表上の点 A と，その $L$ だけ上空の点 B を考える。地球の半径を $R$ とし，線分 AB を $N$ 等分する点を $\mathrm{A}_1, \cdots, \mathrm{A}_{N-1}$ とする。（便宜上，$\mathrm{A}_0=\mathrm{A}, \mathrm{A}_N=\mathrm{B}$ とする。）各点 $\mathrm{A}_i$ における重力ポテンシャルを $\phi_i$ とする。$N$ が十分大きければ，各区間 $\mathrm{A}_i\mathrm{A}_{i+1}$ では重力加速度は一定としてよいから，$\mathrm{A}_i$ における時間 $\Delta t_i$ と $\mathrm{A}_{i+1}$ における時間 $\Delta t_{i+1}$ が対応しているとすると，$\dfrac{\Delta t_{i+1}}{\Delta t_i}=1+\dfrac{\phi_{i+1}-\phi_i}{c^2}$ をみたす。

第
4
章

一
般
相
対
性
理
論

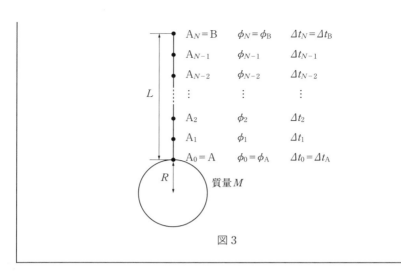

| $A_N = B$ | $\phi_N = \phi_B$ | $\Delta t_N = \Delta t_B$ |
| $A_{N-1}$ | $\phi_{N-1}$ | $\Delta t_{N-1}$ |
| $A_{N-2}$ | $\phi_{N-2}$ | $\Delta t_{N-2}$ |
| $\vdots$ | $\vdots$ | $\vdots$ |
| $A_2$ | $\phi_2$ | $\Delta t_2$ |
| $A_1$ | $\phi_1$ | $\Delta t_1$ |
| $A_0 = A$ | $\phi_0 = \phi_A$ | $\Delta t_0 = \Delta t_A$ |

$L$

$R$　質量 $M$

図3

　　ここから，**A と B の時間のずれがどこから生じているのか**を考えてい
きます。そのために，A と B の「**重力ポテンシャル**」（単位質量当たりの
重力による位置エネルギー）の差を考えます。

　　A と B は重力加速度が一様な微小空間内の 2 点であるため，2 点の重力
ポテンシャルの差 $\phi_B - \phi_A$ は 2 点の高低差に比例します。すなわち❶，

　　　　$\phi_B - \phi_A = \beta h$　……（**答**）

　そして，ここから $\Delta t_A$ と $\Delta t_B$ の比が次式のように表されます。

　　　$\dfrac{\Delta t_B}{\Delta t_A} = 1 + \dfrac{\beta h}{c^2} = 1 + \dfrac{\phi_B - \phi_A}{c^2}$　……（**答**）

---

❶高校物理で学ぶ「質量 $m$ の物体が基準面から高さ $h$ にあるときの重力による位置エネル
ギーが $mgh$（$g$：重力加速度の大きさ）である」ということから求められます。これは，重力
加速度の大きさが $g$ で一様と見なせる範囲で使える近似的な式です。この範囲において，高さ
が $h$ だけ変わると単位質量当たりの重力による位置エネルギー（重力ポテンシャル）が $gh$ だ
け変わることがわかります。

第2部　相対性理論

問2 これらの $N$ 個の式の辺々をかけ合わせ，$\dfrac{\Delta t_\mathrm{B}}{\Delta t_\mathrm{A}} = 1 + \boxed{\phantom{さ}}$ が成り立つことを示せ。

さて，$\dfrac{\Delta t_\mathrm{B}}{\Delta t_\mathrm{A}} = 1 + \dfrac{\phi_\mathrm{B} - \phi_\mathrm{A}}{c^2}$ は，A と B が重力加速度の一様な微小空間内にある場合に導出された関係式ですが，問題文には $\dfrac{|\phi_\mathrm{A} - \phi_\mathrm{B}|}{c^2} \ll 1$ であれば「重力加速度が空間的に一定でなくても成り立つ」とあります。そのことを確かめるのが，この問2です。

問題文では次のような関係が示されています。

$$\frac{\Delta t_1}{\Delta t_0} = 1 + \frac{\phi_1 - \phi_0}{c^2}$$

$$\frac{\Delta t_2}{\Delta t_1} = 1 + \frac{\phi_2 - \phi_1}{c^2}$$

$$\vdots$$

$$\frac{\Delta t_N}{\Delta t_{N-1}} = 1 + \frac{\phi_N - \phi_{N-1}}{c^2}$$

これらの左辺をすべてかけ算すると，

$$\frac{\Delta t_1}{\Delta t_0} \times \frac{\Delta t_2}{\Delta t_1} \times \cdots\cdots \times \frac{\Delta t_N}{\Delta t_{N-1}} = \frac{\Delta t_N}{\Delta t_0} = \frac{\Delta t_\mathrm{B}}{\Delta t_\mathrm{A}}$$

また，右辺どうしのかけ算は，$\dfrac{|\phi_i - \phi_{i-1}|}{c^2} \ll 1$ $(i = 1, 2, 3, \cdots\cdots, N)$ より与えられた近似式を用いると，

$$\left(1 + \frac{\phi_1 - \phi_0}{c^2}\right)\left(1 + \frac{\phi_2 - \phi_1}{c^2}\right)\cdots\cdots\left(1 + \frac{\phi_N - \phi_{N-1}}{c^2}\right)$$

$$\fallingdotseq 1 + \frac{\phi_1 - \phi_0}{c^2} + \frac{\phi_2 - \phi_1}{c^2} + \cdots\cdots + \frac{\phi_N - \phi_{N-1}}{c^2}$$

$$= 1 + \frac{\phi_N - \phi_0}{c^2} = 1 + \frac{\phi_\mathrm{B} - \phi_\mathrm{A}}{c^2}$$

以上から，AとBが重力加速度の一定でない領域にあっても次式の関係が成り立つことがわかります。

$$\frac{\Delta t_{\mathrm{B}}}{\Delta t_{\mathrm{A}}}=1+\frac{\phi_{\mathrm{B}}-\phi_{\mathrm{A}}}{c^2}$$

---

次に，│ さ │を地表における重力加速度の大きさ $g$ と $R$，$L$，$c$ で表すことを考える。地球の外側にあり地球の中心から距離 $r$ だけ離れた点に，質量 $m$ の粒子を置いたときの重力の位置エネルギーは，無限遠を基準に取ると，$m$，$r$，$M$，$G$ を用いて│ し │で与えられる。よって，その点における重力ポテンシャルは，$-\dfrac{GM}{r}$ である。一方，地表における重力加速度の大きさ $g$ は $\dfrac{GM}{R^2}$ と書けるから，$\phi_{\mathrm{A}}$，$\phi_{\mathrm{B}}$ は $g$，$R$，$L$ を用いて，$\phi_{\mathrm{A}}=$│ す │，$\phi_{\mathrm{B}}=-g\dfrac{R^2}{R+L}$ と表せる。これらを│ さ │に代入すると，結局，$\dfrac{\Delta t_{\mathrm{B}}}{\Delta t_{\mathrm{A}}}=1+$│ せ │であることがわかる。（$g$，$R$，$L$，$c$ を用いて表せ。）

---

質量 $M$ の地球の中心から距離 $r$ だけ離れた点に質量 $m$ の物体を置いたとき，重力による位置エネルギー （答）$-G\dfrac{Mm}{r}$ が生じます。ここから単位質量当たりの位置エネルギー，すなわち重力ポテンシャルは $-G\dfrac{M}{r}$ だと確認できます。

そして，地表における重力加速度の大きさ $g$ は次式で表されるのでした。

$$g=g(R)=\frac{GM}{R^2}$$

以上のことから，次のことが求められます。

・A $(r=R)$ では，重力ポテンシャル $\phi_A = -\dfrac{GM}{R} = \boldsymbol{-gR}$ ……（答）

・B $(r=R+L)$ では，重力ポテンシャル $\phi_B = -\dfrac{GM}{R+L} = -\dfrac{gR^2}{R+L}$

したがって，$\varDelta t_B$ と $\varDelta t_A$ の比は，

$$\frac{\varDelta t_B}{\varDelta t_A} = 1 + \frac{\phi_B - \phi_A}{c^2} = 1 + \frac{1}{c^2}\left\{\left(-\frac{gR^2}{R+L}\right) - (-gR)\right\}$$

$$= 1 + \frac{\boldsymbol{gRL}}{\boldsymbol{c^2(R+L)}} \quad \text{……（答）}$$

　この式は，A と B における時間の進む速さの違いを表しています。**A と B の重力ポテンシャルの違いが，このような違いを生み出しているの**です。

　一般相対論によると，質量 $M$ の地球の中心から距離 $r$ だけ離れた点での時間の進む速さは，重力 0（ゼロ）の場所の $\sqrt{1-\dfrac{2GM}{c^2 r}}$ 倍になるのでした。この問題の状況では，次のようになっています。

・A における時間の進む速さは，重力 0 の点の $\sqrt{1-\dfrac{2GM}{c^2 R}}$ 倍になる。

・B における時間の進む速さは，重力 0 の点の $\sqrt{1-\dfrac{2GM}{c^2(R+L)}}$ 倍になる。

　よって，A に比べて B では，時間が次式で表される倍率で速く進むことになります。

$$\frac{\sqrt{1-\dfrac{2GM}{c^2(R+L)}}}{\sqrt{1-\dfrac{2GM}{c^2 R}}} = \left\{1-\frac{2GM}{c^2(R+L)}\right\}^{\frac{1}{2}}\left(1-\frac{2GM}{c^2 R}\right)^{-\frac{1}{2}} \quad \text{（倍）}$$

　ここで，$\left|\dfrac{2GM}{c^2 R}\right| \ll 1$，$\left|\dfrac{2GM}{c^2(R+L)}\right| \ll 1$ より，

$$\left\{1-\frac{2GM}{c^2(R+L)}\right\}^{\frac{1}{2}}\left(1-\frac{2GM}{c^2 R}\right)^{-\frac{1}{2}} \fallingdotseq \left\{1-\frac{GM}{c^2(R+L)}\right\}\left(1+\frac{GM}{c^2 R}\right)$$

　さらに，$\dfrac{GM}{c^2(R+L)}$ と $\dfrac{GM}{c^2 R}$ が微小であることから，

$$\left\{1-\frac{GM}{c^2(R+L)}\right\}\left(1+\frac{GM}{c^2R}\right)\fallingdotseq 1+\left\{-\frac{GM}{c^2(R+L)}\right\}+\frac{GM}{c^2R}$$

$$=1+\frac{(-GMR)+GM(R+L)}{c^2R(R+L)}=1+\frac{GML}{c^2R(R+L)}$$

$$=1+\frac{gRL}{c^2(R+L)}$$

これは，先ほど求めた $\dfrac{\Delta t_B}{\Delta t_A}$ に一致します。すなわち，問題文の誘導に従った考察によって，一般相対論が示す時間の進み方の違いを求められたわけですね！

---

**(4)**

　　この結果は，人工衛星の中の時計と地表の時計の進み方の違いを与えるために重要であり，GPS（全地球測位システム）等で実際に使われている。図4のように，地球の重力により，高度 $L$ の円軌道上を一定の速さ $v$ で動いている人工衛星 C を考える。図3と同様に，A，B は地表の点およびその $L$ だけ上空の点である。今の場合，C は B に対してかなりの速さで動いているため，時計の遅れといわれる特殊相対論的な効果も考慮する必要がある。

　　特殊相対論によると，B における時間 $\Delta t_B$ と C における時間 $\Delta t_C$ の間には，$\dfrac{\Delta t_C}{\Delta t_B}=1-\dfrac{v^2}{2c^2}$ という近似式が成り立つ。B における重力加速度の大きさは $g\left(\dfrac{R}{R+L}\right)^2$ と書けるから，$v^2$ も $g$，$R$，$L$ を用いて表せることに注意すると，これは，$\dfrac{\Delta t_C}{\Delta t_B}=1+\boxed{\text{　そ　}}$ と書ける。（$g$，$R$，$L$，$c$ を用いて表せ。）

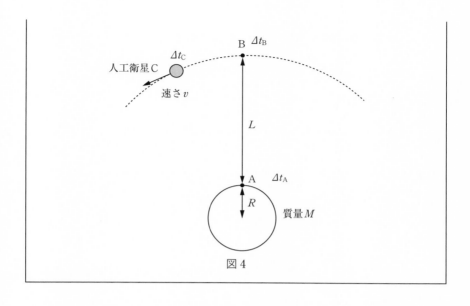

B $\Delta t_{\mathrm{B}}$

人工衛星C $\Delta t_{\mathrm{C}}$

速さ$v$

$L$

A $\Delta t_{\mathrm{A}}$

$R$

質量$M$

図4

　最後に，人工衛星の中での時間の進み方が地上とどれだけずれているか
を考えます。234 ページ以降で説明した考え方を思い出しながら解いてみ
てください。

　まず，衛星軌道上で静止している点 B に対して，速さ$v$で動いている
人工衛星では時間が遅れて進みます。そのずれが$\dfrac{\Delta t_{\mathrm{C}}}{\Delta t_{\mathrm{B}}}=1-\dfrac{v^2}{2c^2}$であるこ
とが問題文に示されています。

　ところで，静止している慣性系から速さ$v$で動いている慣性系を見る
と，時間の進む速さは$\sqrt{1-\left(\dfrac{v}{c}\right)^2}$倍になって見えるのでした。ここで，
$\left|\dfrac{v^2}{c^2}\right|\ll 1$であることから，

$$\sqrt{1-\left(\frac{v}{c}\right)^2}=\left\{1-\left(\frac{v}{c}\right)^2\right\}^{\frac{1}{2}}\fallingdotseq 1-\frac{v^2}{2c^2}$$

　この式は問題文で示された式と一致します。問題文では，特殊相対論が
示すことを近似式で示しているのです。

ここで、やはり 235 ページで人工衛星の速さ $v$ が $v^2 = \dfrac{GM}{r}$ （$r$：軌道半径）を満たすことを示しましたが、いまは $r = R + L$ なので、$\dfrac{\Delta t_C}{\Delta t_B}$ は次式のように求められます。

$$\frac{\Delta t_C}{\Delta t_B} = 1 - \frac{v^2}{2c^2} = 1 - \frac{GM}{2c^2(R+L)} = 1 - \frac{gR^2}{2c^2(R+L)} \quad \cdots\cdots (\textbf{答})$$

---

**問3**　人工衛星の中の時計と地表の時計の進み方の比は $\dfrac{\Delta t_C}{\Delta t_A}$ である。

以上のことから、$\dfrac{\Delta t_C}{\Delta t_A}$ を $g$, $R$, $L$, $c$ を用いて表せ。また、$g = 9.8 \, \text{m/s}^2$, $R = 6.0 \times 10^6 \, \text{m}$, $L = 3.0 \times 10^7 \, \text{m}$, $c = 3.0 \times 10^8 \, \text{m/s}$ としたときの $\dfrac{\Delta t_B}{\Delta t_A}$, $\dfrac{\Delta t_C}{\Delta t_B}$, $\dfrac{\Delta t_C}{\Delta t_A}$ を $1 +$（微小な数値）の形で求めよ。

---

　以上の考察から、人工衛星と地上で時間の進み方がどれだけずれているかがわかります。整理すると次のようになります。

---

・B の時間は A の時間より $\dfrac{\Delta t_B}{\Delta t_A} = \left\{ 1 + \dfrac{gRL}{c^2(R+L)} \right\}$ 倍だけ速く進む。

・C の時間は B の時間より $\dfrac{\Delta t_C}{\Delta t_B} = \left\{ 1 - \dfrac{gR^2}{2c^2(R+L)} \right\}$ 倍だけ速く進む。

　※ $1 - \dfrac{gR^2}{2c^2(R+L)} < 1$ なので、C の時間は B の時間よりゆっくり進む。

---

⇩

C（人工衛星）の時間は，A（地上）の時間より次式で表される倍率だけ速く進む。

$$\frac{\Delta t_{\mathrm{C}}}{\Delta t_{\mathrm{A}}}=\frac{\Delta t_{\mathrm{B}}}{\Delta t_{\mathrm{A}}}\times\frac{\Delta t_{\mathrm{C}}}{\Delta t_{\mathrm{B}}}=\left\{1+\frac{gRL}{c^2(R+L)}\right\}\left\{1-\frac{gR^2}{2c^2(R+L)}\right\}\ （倍）$$

これは，$\left|\dfrac{gRL}{c^2(R+L)}\right|\ll 1,\ \left|\dfrac{gR^2}{2c^2(R+L)}\right|\ll 1$ より，

$$\frac{\Delta t_{\mathrm{C}}}{\Delta t_{\mathrm{A}}}=\left\{1+\frac{gRL}{c^2(R+L)}\right\}\left\{1-\frac{gR^2}{2c^2(R+L)}\right\}$$

$$\fallingdotseq 1+\frac{gRL}{c^2(R+L)}-\frac{gR^2}{2c^2(R+L)}$$

$$=1+\boldsymbol{\frac{gR(2L-R)}{2c^2(R+L)}}\ \ \cdots\cdots（答）$$

（$2L-R>0$，すなわち $L>\dfrac{R}{2}$ なら地上より人工衛星の方が時間は速く進み，逆に $L<\dfrac{R}{2}$ なら人工衛星の方が時間はゆっくり進みます。236 ページで得られたのと同じ結果です。）

最後に，与えられた各数値を入れてそれぞれ計算してみましょう。

$$\frac{\Delta t_{\mathrm{B}}}{\Delta t_{\mathrm{A}}}=1+\frac{gRL}{c^2(R+L)}=1+\frac{9.8\times(6.0\times10^6)\times(3.0\times10^7)}{(3.0\times10^8)^2\times\{(6.0\times10^6)+(3.0\times10^7)\}}$$

$$\fallingdotseq \boldsymbol{1+5.4\times10^{-10}}\ \ \cdots\cdots（答）$$

$$\frac{\Delta t_{\mathrm{C}}}{\Delta t_{\mathrm{B}}}=1-\frac{gR^2}{2c^2(R+L)}=1-\frac{9.8\times(6.0\times10^6)^2}{2\times(3.0\times10^8)^2\times\{(6.0\times10^6)+(3.0\times10^7)\}}$$

$$\fallingdotseq \boldsymbol{1-5.4\times10^{-11}}\ \ \cdots\cdots（答）$$

$$\frac{\Delta t_{\mathrm{C}}}{\Delta t_{\mathrm{A}}}=1+\frac{gR(2L-R)}{2c^2(R+L)}$$

$$=1+\frac{9.8\times(6.0\times10^6)\times\{2\times(3.0\times10^7)-(6.0\times10^6)\}}{2\times(3.0\times10^8)^2\times\{(6.0\times10^6)+(3.0\times10^7)\}}$$

$$=\boldsymbol{1+4.9\times10^{-10}}\ \ \cdots\cdots（答）$$

$L > \dfrac{R}{2}$ （$3.0 \times 10^7\,\mathrm{m} > 3.0 \times 10^6\,\mathrm{m}$）であるため，$\dfrac{\Delta t_{\mathrm{C}}}{\Delta t_{\mathrm{A}}} > 0$ である（地上より人工衛星の方が時間は速く進む）ことがわかります。もちろん，いずれも非常に小さな違いです。

　以上，「第2部　相対性理論」で取り上げた入試問題は，いずれも深い思考力を要するものばかりです。一般の方はもちろん，大学受験生にとっても理解するのがなかなか大変な内容でしょう。それでも，じっくりと考えることで相対論についての理解を深められる素晴らしい問題だと思い，紹介させていただきました。時間や空間に対する考え方が変わり，現代物理学への興味が湧く，そんなきっかけにしていただければ幸いです。

# 索　引

〈著者略歴〉

三 澤 信 也（みさわ　しんや）

1980 年，長野県生まれ．東京大学教養学部基礎科学
科卒業．長野県の高校にて物理を中心に理科教育を
行っている．
著書は『入試問題で味わう東大物理』（オーム社），
『教養としての中学理科』（いそっぷ社），『大学入試
物理の質問 91［物理基礎・物理］』（旺文社），『図解
いちばんやさしい相対性理論の本』（彩図社）ほか多
数．高校物理の教科書（啓林館）の著者でもある．
また，ホームページ「大学入試攻略の部屋」を運営
し，物理・化学の無料動画などを提供している．
http://daigakunyuushikouryakunoheya.web.fc2.com

• 本書の内容に関する質問は，オーム社ホームページの「サポート」から，「お問合せ」
  の「書籍に関するお問合せ」をご参照いただくか，または書状にてオーム社編集局宛
  にお願いします．お受けできる質問は本書で紹介した内容に限らせていただきます．
  なお，電話での質問にはお答えできませんので，あらかじめご了承ください．
• 万一，落丁・乱丁の場合は，送料当社負担でお取替えいたします．当社販売課宛にお
  送りください．
• 本書の一部の複写複製を希望される場合は，本書扉裏を参照してください．
JCOPY ＜出版者著作権管理機構委託出版物＞

入試問題で楽しむ相対性理論と量子論

2023 年 7 月 24 日　　第 1 版第 1 刷発行

著　　者　三 澤 信 也
発 行 者　村 上 和 夫
発 行 所　株式会社 オーム社
　　　　　郵便番号　101-8460
　　　　　東京都千代田区神田錦町 3-1
　　　　　電話　03(3233)0641(代表)
　　　　　URL　https://www.ohmsha.co.jp/

© 三澤信也 2023

印刷　真興社　　製本　協栄製本
ISBN978-4-274-23058-5　Printed in Japan

本書の感想募集　https://www.ohmsha.co.jp/kansou/
本書をお読みになった感想を上記サイトまでお寄せください．
お寄せいただいた方には，抽選でプレゼントを差し上げます．